高等数学学习指导

主　编　徐贵涛
主　审　尹志平

西南交通大学出版社
·成　都·

图书在版编目（CIP）数据

高等数学学习指导 / 徐贵涛主编. —成都：西南交通大学出版社，2018.9（2022.8 重印）

ISBN 978-7-5643-6412-0

Ⅰ. ①高… Ⅱ. ①徐… Ⅲ. ①高等数学－高等职业教育－教学参考资料 Ⅳ. ①O13

中国版本图书馆 CIP 数据核字（2018）第 207328 号

高等数学学习指导 | 主编 徐贵涛 | 责任编辑 张宝华
封面设计 何东琳设计工作室

印张：11.75　字数：294千
成品尺寸：185 mm × 260 mm
版次：2018年9月第1版
印次：2022年8月第3次
印刷：成都蓉军广告印务有限责任公司
书号：ISBN 978-7-5643-6412-0

出版发行：西南交通大学出版社
网址：http://www.xnjdcbs.com
地址：四川省成都市金牛区二环路北一段111号
西南交通大学创新大厦21楼
邮政编码：610031
发行部电话：028-87600564　028-87600533
定价：29.00元

课件咨询电话：028-81435775
图书如有印装质量问题　本社负责退换

前　言

为了帮助学生有效地学习高等数学，更好地掌握教材的基本内容，提高其分析问题解决问题的能力，我们编写组结合高职院校学生的实际情况，本着科学实用的原则，分工撰写了这本《高等数学学习指导》，该书是与尹志平主编的《高等数学》相配套的学生学习用书.

本书编写的目的重在培养学生的数学应用意识，提高学生的计算能力与动手实践能力,强化学生对专业课的服务性,注重学生自身未来的发展. 本书具有如下几个特点：

（1）本书章节和对应的教材相匹配. 每一章节由主要内容、例题解析和精选习题三部分组成，其中，主要内容是对每一章知识点的总结，例题解析一般对三个以上的例题进行解析解答，并将书上的内容略有拓展. 精选习题分为选择题、判断题、填空题、解答题四个题型.

（2）本书所选题目难度适中，针对性强，适合学习者课后自学、练习及复习. 书后配有各章测试题，便于在教师指导下进行课堂测试或学习自测之用.

（3）强化计算器及 CAD 等制图软件在专业课中的计算训练和画图应用，培养学生的数字信息化技能，提高学生的实际动手能力.

本书由徐贵涛担任主编，尹志平担任主审. 其中，第 1 章由王世均编写，第 2 章由龙薇编写，第 3 章由徐贵涛编写，第 4 章由徐福成编写，第 5 章由冯耀川编写，第 6 章由尹志平编写，第 7 章的 7.1 和 7.2 节由高洁编写，第 7.3 至 7.6 节由尹志平编写.

由于编者水平有限，书中难免存在不妥之处，欢迎使用者批评指正！

编　者

2018 年 5 月

目　录

第 1 章
函数、极限与连续

1.1 函数

◇ 主要内容

1. 函数

1）函数的概念

函数是描述变量间相互依赖关系的一种数学模型.

设 D 是一个实数集，如果对 D 内的每一个 x 按照某个对应法则 f，都有唯一确定的 y 值与它对应，则称 y 是定义在 D 上的 x 的函数，记作：

$$y = f(x), x \in D,$$

其中，x 称为自变量，数集 D 称为这个函数的定义域；当 x 取遍 D 中的一切实数时，它所对应的 y 值组成的集合称为函数的值域，记作 M.

定义域和对应法则是确定函数的两个要素，只有当两个函数的定义域和对应法则完全相同时，才能认为这两个函数相同.

2）函数的表示方法

表示函数的方法一般有三种：公式法（解析法）、表格法、图示法. 本书所讨论的是函数常用的表示方法——公式法.

公式法有时用一个解析式表示，有时用多个解析式表示（即分段函数）.在不同区间内用不同的式子来表示的函数称为分段函数.

3）函数的特性

（1）**函数的有界性**. 设函数 $f(x)$ 的定义域为 D，区间 $I \subset D$，如果存在正数 M，使得对于 I 上的一切 x，都有 $|f(x)| \leqslant M$ 成立，则称函数 $f(x)$ 在 I 上有界. 如果这样的正数 M 不存在，则称函数 $f(x)$ 在 I 上无界.

（2）**函数的单调性**. 设函数 $f(x)$ 的定义域为 D，区间 $I \subset D$，如果对于区间 I 上的任意两点 x_1 及 x_2，当 $x_1 < x_2$ 时，都有 $f(x_1) < f(x_2)$，则称函数 $f(x)$ 在区间 I 上是单调增加的；如果对于区间 I 上的任意两点 x_1 及 x_2，当 $x_1 < x_2$ 时，都有 $f(x_1) > f(x_2)$，则称函数 $f(x)$ 在区间 I 上是单调减少的.

单调增加和单调减少的函数统称为单调函数，I 称为单调区间.

（3）**函数的奇偶性**. 设函数 $f(x)$ 的定义域 D 关于坐标原点对称，如果对于任意的 $x \in D$，总有 $f(-x) = f(x)$ 成立，则称 $f(x)$ 为偶函数；如果对于任意的 $x \in D$，总有 $f(-x) = -f(x)$ 成立，则称 $f(x)$ 为奇函数.

（4）**函数的周期性**. 设函数 $f(x)$ 的定义域为 D，如果存在一个正数 T，使得若 $x \in D$，有 $x \pm T \in D$，且 $f(x \pm T) = f(x)$，则称 $f(x)$ 为周期函数，T 称为 $f(x)$ 的周期.

讨论周期函数时，所说的周期是指最小正周期.

4）反函数

设函数 $y = f(x)$ 的定义域为 D，值域为 M，如果对于集合 M 中的每一个 y 值，都由关系式 $y = f(x)$ 确定唯一的 x 值与之对应，从而得到一个定义在集合 M 上的新函数，这个函数叫作 $y = f(x)$ 的反函数，记作 $x = f^{-1}(y)$，反函数的定义域为 M，值域为 D. 对反函数 $x = f^{-1}(y)$ 来说，原来的函数 $y = f(x)$ 称为直接函数.

习惯上函数的自变量用 x 表示，所以通常把 $x = f^{-1}(y)$ 改写成 $y = f^{-1}(x)$.

函数 $y = f(x)$ 与其反函数 $y = f^{-1}(x)$ 的图形关于直线 $y = x$ 对称.

求反函数的步骤如下：

（1）从 $y = f(x)$ 中解出 $x = f^{-1}(y)$；

（2）交换字母 x 与 y 的位置，并注意反函数的定义域为直接函数的值域.

5）复合函数

如果 y 是 u 的函数 $y = f(u)$，而 u 又是 x 的函数 $u = \varphi(x)$，且 $u = \varphi(x)$ 的值域包含或部分包含在 $y = f(u)$ 的定义域中，则 y 也是 x 的函数，此函数称为由 $y = f(u)$ 与 $u = \varphi(x)$ 复合而成的复合函数，记作 $y = f[\varphi(x)]$，其中 x 是自变量，u 是中间变量.

2. 初等函数

1）基本初等函数

常数函数：$y = C$.

幂函数：$y = x^{\alpha}$（α为常数）.

指数函数：$y = a^{x}$（$a > 0, a \neq 1, a$为常数）.

对数函数：$y = \log_{a} x$（$a > 0, a \neq 1, a$为常数）.

三角函数：$y = \sin x$，$y = \cos x$，$y = \tan x$，$y = \cot x$，$y = \sec x$，$y = \csc x$.

反三角函数：$y = \arcsin x$，$y = \arccos x$，$y = \arctan x$，$y = \text{arccot}\, x$.

这六种函数统称为基本初等函数.

2）初等函数

由基本初等函数经过有限次的四则运算和有限次的函数复合所构成的，并且能用一个解析式表示的函数称为初等函数.

◇ 例题解析

例1　已知函数 $f(x) = \log_{2}\sqrt{x^{2} - 3x - 4}$，

（1）求 $f(x)$ 的定义域，并将定义域用区间表示出来；

（2）求 $f(-2), f(5)$.

解（1）因为 $x^2-3x-4>0$，

所以 $f(x)$ 的定义域为 $\{x|x<-1或x>4\}$.

用区间表示为 $(-\infty,-1)\cup(4,+\infty)$.

（2）$f(-2)=\log_2\sqrt{(-2)^2-3\times(-2)-4}=\log_2\sqrt{6}$，

$f(5)=\log_2\sqrt{5^2-3\times5-4}=\log_2\sqrt{6}$.

例 2 已知 $f(x)=\begin{cases}2x+1, & x\geqslant 2\\ 3x-1, & x<2\end{cases}$，求 $f(2), f(-2), f\left(\dfrac{1}{a+1}\right)(a>-1)$.

解 $f(2)=2\times2+1=5$；

$f(-2)=(-2)\times3-1=-7$；

当 $\dfrac{1}{a+1}\geqslant 2$ 且 $a>-1$，即 $-1<a\leqslant-\dfrac{1}{2}$ 时，$f\left(\dfrac{1}{a+1}\right)=\dfrac{2}{a+1}+1=\dfrac{a+3}{a+1}$，

当 $\dfrac{1}{a+1}<2$，即 $a>-\dfrac{1}{2}$ 时，$f\left(\dfrac{1}{a+1}\right)=\dfrac{3}{a+1}-1=\dfrac{2-a}{a+1}$，

所以，$f\left(\dfrac{1}{a+1}\right)=\begin{cases}\dfrac{a+3}{a+1}, & -1<a\leqslant-\dfrac{1}{2}\\ \dfrac{2-a}{a+1}, & a>-\dfrac{1}{2}\end{cases}$.

例 3 已知函数 $y=\dfrac{3x-2}{4x+3}$，求其反函数.

解 由 $y=\dfrac{3x-2}{4x+3}$ 得

$$y(4x+3)=3x-2.$$

所以
$$(4y-3)x=-3y-2.$$

所以
$$x=\frac{-3y-2}{4y-3}.$$

将 x 和 y 交换，得到反函数 $y=\dfrac{-3x-2}{4x-3}$.

例 4 已知下列函数 $f(x)=\sqrt{2x+1}$ 和 $g(x)=x^3$，求复合函数 $f[g(x)]$ 和 $g[(f(x)]$. 并确定它们的定义域.

解 $f[g(x)]=\sqrt{2g(x)+1}=\sqrt{2x^3+1}$，其定义域为 $\left[-\left(\dfrac{1}{2}\right)^{\frac{1}{3}},+\infty\right)$；

$g[f(x)]=(f(x))^3=(2x+1)^{\frac{3}{2}}$，定义域为 $\left[-\dfrac{1}{2},+\infty\right)$.

例 5（1）若函数 $f(x)$ 的定义域为$(3,5)$，求 $f(2x^2+1)$ 的定义域.

（2）若函数 $f(2x^2+1)$ 的定义域为$(3,5)$，求 $f(x)$ 的定义域.

解（1）因为函数 $f(x)$ 的定义域为$(3,5)$，所以

$$3<2x^2+1<5.$$

所以
$$1<x^2<2.$$

所以
$$-\sqrt{2}<x<-1 \quad 或 \quad 1<x<\sqrt{2}.$$

故 $f(2x^2+1)$ 的定义域用区间表示为 $(-\sqrt{2},-1)\cup(1,\sqrt{2})$.

（2）因为函数 $f(2x^2+1)$ 的定义域为$(3,5)$，所以由 $3<x<5$ 得

$$9<x^2<25.$$

所以
$$19<2x^2+1<51.$$

令 $u=2x^2+1$，则

$$19<u<51.$$

所以 $f(u)$ 的定义域用区间表示为 $(19,51)$，故 $f(x)$ 的定义域用区间表示为 $(19,51)$.

◇ 精选习题

一、判断题（正确的在括号里填√，错误的在括号里填×）

1. 函数 $y=f(x)$ 的反函数是 $y=f^{-1}(x)$，则 $y=f(x)$ 的定义域是 $y=f^{-1}(x)$ 的值域；$y=f(x)$ 的值域是 $y=f^{-1}(x)$ 的定义域. (　　)

2. 函数 $f(x)=\begin{cases}1, x<0\\ 2x, x>0\end{cases}$ 是初等函数. (　　)

3. 函数 $y=\sqrt{u}$ 和 $u=-x^2-1$ 可以构成一个复合函数 $y=\sqrt{-x^2-1}$. (　　)

4. 函数 $y=x\sin x$ 是偶函数. (　　)

5. 函数 $y=1$ 和 $y=\sin^2 x+\cos^2 x$ 是相同的函数. (　　)

二、填空题

1. 若函数 $f(x)$ 的定义域为$(0,2)$，则 $f(2x+1)$ 的定义域为____________.

2. 若函数 $f(x)=\begin{cases}1, & x<0\\ 0, & x=0\\ -1, & x>0\end{cases}$，则 $f\{f[f(-1)]\}=$____________.

3. 函数 $f(x)=\sqrt[3]{\ln(x^2+1)}$ 的复合过程是____________.

4. 函数 $y=\dfrac{x-1}{x+1}$ 的反函数是____________.

5. 分段函数是指____________.

三、选择题

1. 下列命题为假命题的是（　　）.

A. 两个偶函数的和仍为偶函数

B. 两个奇函数的和仍为奇函数

C. 两个奇函数的积仍为奇函数（函数 0 除外）

D. 两个偶函数的积仍为偶函数（函数 0 除外）

2. 下列两个函数不同的是（　　）.

A. $y=1$ 和 $y=\dfrac{x}{x}$　　B. $y=\sqrt{(x-1)^2}$ 和 $y=x-1$

C. $y=x$ 和 $y=\sqrt[3]{x^3}$　　D. $y=|x|$ 和 $y=\sqrt{x^2}$

3. 下列函数在区间 $(0,+\infty)$ 上单调递增的是（　　）.

A. $y=2x+1$　　B. $y=x^2$　　C. $y=\log_2 x$　　D. $y=\left(\dfrac{1}{2}\right)^x$

4.对于取整函数 $y=[x]$，$[x]$ 表示不超过 x 的最大整数，则以下结果正确的是（　　）.

A. $[3.25]=3$　　B. $[-2.34]=-3$　　C. $[-3.25]=-3$　　D. $[2.34]=3$

5.对于反三角函数，下列结果正确的是（　　）.

A. $y=\arcsin x$ 的定义域为 $[-1,1]$　　B. $y=\arccos x$ 的定义域为 $[-1,1]$

C. $y=\arctan x$ 的定义域为 $(-\infty,+\infty)$　　D. $y=\mathrm{arccot}x$ 的定义域为 $(-\infty,+\infty)$

四、解答题

1. 求下列函数的定义域.

（1）$y=(3x+1)^{\frac{3}{2}}$；　　（2）$y=3^{\sqrt{2x-5}}$；　　（3）$y=\log_2(2x^2-3x-2)$；

（4）$y=\dfrac{\sqrt{4x^2-4x-3}}{2x-5}$；　　（5）$y=\arcsin(3x-2)$.

2. 已知 $f(x)=\begin{cases}3x,x<1\\-2,x=1\\x^2+1,x>1\end{cases}$，求：

（1）$f(x)$ 的定义域；

（2）$f(0),f[f(1)],f\{[f(2)]\},f\left(\dfrac{1}{a}\right)$.

3. 判断下列函数的奇偶性.

（1）$y=3x^3+\dfrac{1}{x}$；　　（2）$y=2x^4-3x^2+2$；

（3）$y=\dfrac{x\sin^2 x}{\cos x+1}$；　　（4）$y=x^3-2x^2+x+3$.

4. 下列函数 $f(x)$ 与 $g(x)$ 是否相同，并说明理由.

（1）$f(x)=\dfrac{x+1}{x^2-1}$ 与 $g(x)=\dfrac{1}{x-1}$；　　（2）$f(x)=\sqrt{(2x+1)^2}$ 与 $g(x)=2x+1$；

（3）$f(x)=\sqrt[3]{(x+1)^3}$ 与 $g(x)=x+1$；　　（4）$f(x)=x^2$ 与 $g(x)=\ln \mathrm{e}^{x^2}$.

五、应用题

1. 设有一边长为 40 m 的正方形铁皮，将它的四角剪去边长相等的小正方形制作成一只无盖的盒子，试将盒子的体积表示成小正方形边长的函数，并指明其定义域.

2. 某城市生活用水每月收取费用规定如下：当用户用水量不超过 20 t 时按 2.00 元/t 收费；当用户用水量超过 20 t 而不超过 40 t 时按 2.50 元/t 收费；当用户用水量超过 40 t 时按 3.00 元/t 收费. 试求某用户一个月应交水费 y（单位：元）与用水量 x（单位：t）之间的函数关系.

3. 某人持有 10000 元想进行投资，现有两种投资方案：一种是一年支付一次红利，年利率是 12%；另一种是一年分 12 个月按复利支付红利，月利率是 1%，问哪一种投资方案较为合算？

4. 用铁皮做一个容积为 a（常数）的圆柱形封闭容器，试将它的表面积表示为底面半径为 r 的函数，且求出函数的定义域.

1.2　极　限

◇ 主要内容

1. 数列的极限

1）数列的概念

按一定次序排列的一列数 $x_1, x_2, x_3, \cdots, x_n, \cdots$ 称为数列，简记作 $\{x_n\}$，数列的第 n 项 x_n 称为通项或一般项.

数列 $\{x_n\}$ 可看作定义域为全体正整数的函数：$x_n = f(n), n \in \mathbf{N}^+$.

2）数列的极限

对于数列 $\{x_n\}$，如果 n 无限增大时，x_n 无限趋近于某个确定的常数 a，则称 a 为数列 $\{x_n\}$ 的极限，或者称数列 $\{x_n\}$ 收敛于 a，记作：

$$\lim_{n\to\infty} x_n = a \quad 或 \quad x_n \to a(n\to\infty).$$

如果不存在这样的常数 a，就说数列 $\{x_n\}$ 没有极限，或者说数列 $\{x_n\}$ 是发散的，习惯上也说 $\lim\limits_{n\to\infty} x_n$ 不存在.

可以证明：设 $\{x_n\}$ 为数列，则 $\lim\limits_{n\to\infty} x_n = 0 \Leftrightarrow \lim\limits_{n\to\infty} |x_n| = 0$.

2. 函数的极限

函数 $y = f(x)$ 的极限，根据自变量的变化过程，可分两种情形来讨论：一是当自变量 x

的绝对值无限增大（记为 $x\to\infty$）时，函数 $f(x)$ 的极限；第二是当自变量 x 无限接近于 x_0（记为 $x\to x_0$）时，函数 $f(x)$ 的极限.

1）$x\to\infty$ 时函数 $f(x)$ 的极限

设函数 $f(x)$ 在 $|x|>a$ 时有定义，当 $|x|$ 无限增大时，对应的函数值 $f(x)$ 无限趋近于某个确定的常数 A，则称常数 A 为函数 $f(x)$ 当 $x\to\infty$ 时的极限，记作：

$$\lim_{x\to\infty}f(x)=A \quad 或 \quad f(x)\to A(x\to\infty).$$

当自变量 x 取正值并且无限增大时，如果函数 $f(x)$ 无限趋近于某个确定的常数 A，则称常数 A 为函数 $f(x)$ 当 $x\to+\infty$ 时的极限，记作：

$$\lim_{x\to+\infty}f(x)=A \quad 或 \quad f(x)\to A(x\to+\infty).$$

当自变量 x 取负值并且其绝对值无限增大时，如果函数 $f(x)$ 无限趋近于某个确定的常数 A，则称常数 A 为函数 $f(x)$ 当 $x\to-\infty$ 时的极限，记作：

$$\lim_{x\to-\infty}f(x)=A \text{ 或 } f(x)\to A(x\to-\infty).$$

定理 $\lim\limits_{x\to\infty}f(x)=A\Leftrightarrow\lim\limits_{x\to-\infty}f(x)=\lim\limits_{x\to+\infty}f(x)=A$.

2）$x\to x_0$ 时函数 $f(x)$ 的极限

对于函数 $f(x)$，如果当 x 无限趋近于 x_0（但不等于 x_0）时，函数 $f(x)$ 无限趋近于某个确定的常数 A，则称常数 A 为函数 $f(x)$ 当 $x\to x_0$ 时的极限，记作：

$$\lim_{x\to x_0}f(x)=A \quad 或 \quad f(x)\to A(x\to x_0).$$

注意：（1）在讨论极限 $\lim\limits_{x\to x_0}f(x)$ 时，函数 $f(x)$ 在点 x_0 可以有定义，也可以没有定义；极限 $\lim\limits_{x\to x_0}f(x)$ 是否存在，与函数 $f(x)$ 在点 x_0 有没有定义以及有定义时其值是什么都毫无关系.

（2）无论自变量取何值，函数都取相同的常数 C，那么它当然趋近于常数 C，所以由定义有 $\lim\limits_{x\to x_0}C=C$.

3）单侧极限

（1）当 $x\to x_0^-$ 时，如果函数 $f(x)$ 无限趋近于某个确定的常数 A，则称 A 为函数 $f(x)$ 当 $x\to x_0$ 时的左极限，记作：

$$\lim_{x\to x_0^-}f(x)=A \quad 或 \quad f(x)\to A(x\to x_0^-).$$

（2）当 $x\to x_0^+$ 时，如果函数 $f(x)$ 无限趋近于某个确定的常数 A，则称 A 为函数 $f(x)$ 当 $x\to x_0$ 时的右极限，记作：

$$\lim_{x\to x_0^+} f(x)=A \quad 或 \quad f(x)\to A(x\to x_0^+).$$

函数 $f(x)$ 在点 x_0 的左极限与右极限也分别记作 $f(x_0^-)$ 与 $f(x_0^+)$.

左极限与右极限统称为单侧极限.

定理　$\lim\limits_{x\to x_0} f(x)=A \Leftrightarrow \lim\limits_{x\to x_0^-} f(x)=\lim\limits_{x\to x_0^+} f(x)=A$.

◇ 例题解析

例 1　讨论下列极限.

（1）$\lim\limits_{n\to\infty}\dfrac{1}{n^\alpha}$（常数 $\alpha>0$）；（2）$\lim\limits_{n\to\infty} q^n$ $(|q|<1)$.

解　（1）因为幂函数 $y=x^\alpha(\alpha>0)$ 在 $(0,+\infty)$ 上单调递增，且当 $x\to+\infty$ 时，$y\to+\infty$，所以 $y=n^\alpha(\alpha>0)$，当 $n\to\infty$ 时，$y=n^\alpha\to+\infty$，即 n^α 无限增大，故 $\lim\limits_{n\to\infty}\dfrac{1}{n^\alpha}=0$.

（2）对指数函数 $y=a^x(0<a<1)$，当 $x\to+\infty$ 时，$y=a^x\to 0$，即

$$\lim_{x\to+\infty} a^x=0,$$

所以，当 $0<q<1$ 时，$\lim\limits_{n\to\infty} q^n=0$；

当 $-1<q<0$ 时，令 $q=-p$ $(0<p<1)$，则 $\lim\limits_{n\to\infty} q^n=\lim\limits_{n\to\infty}(-1)^n p^n$，所以

$$\lim_{n\to\infty}|q^n|=\lim_{n\to\infty}|(-1)^n||p^n|=\lim_{n\to\infty} p^n=0,$$

所以 $\lim\limits_{n\to\infty} q^n=0$；

当 $q=0$ 时，显然，$\lim\limits_{n\to\infty} q^n=\lim\limits_{n\to\infty} 0^n=\lim\limits_{n\to\infty} 0=0$.

所以当 $|q|<1$ 时，$\lim\limits_{n\to\infty} q^n=0$.

由例 1 得出结论

$$\lim_{n\to\infty}\frac{1}{n^\alpha}=0 \ (\alpha>0), \qquad \lim_{n\to\infty} q^n=0 \ (|q|<1).$$

例 2　讨论下列函数的极限 $\lim\limits_{x\to+\infty} f(x),\lim\limits_{x\to-\infty} f(x),\lim\limits_{x\to\infty} f(x)$ 是否存在，若存在，求出其极限；若不存在，说明理由.

（1）$f(x)=\left(\dfrac{1}{2}\right)^x$；　　（2）$f(x)=\mathrm{e}^x$；

（3）$f(x)=\arctan x$；　　（4）$f(x)=\cos x$.

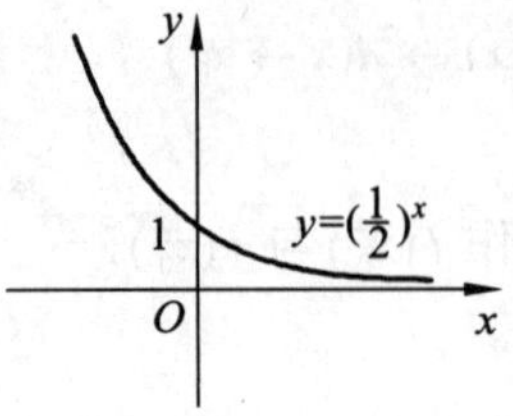

（1）$y=\left(\dfrac{1}{2}\right)^x$ 的图像

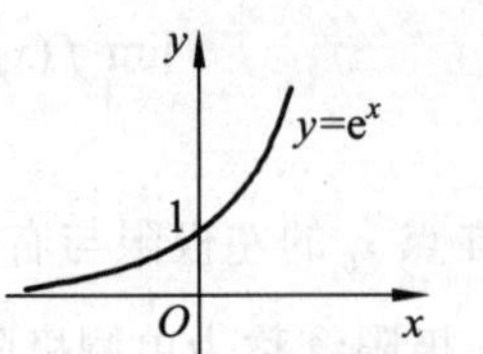

（2）$y=\mathrm{e}^x$ 的图像

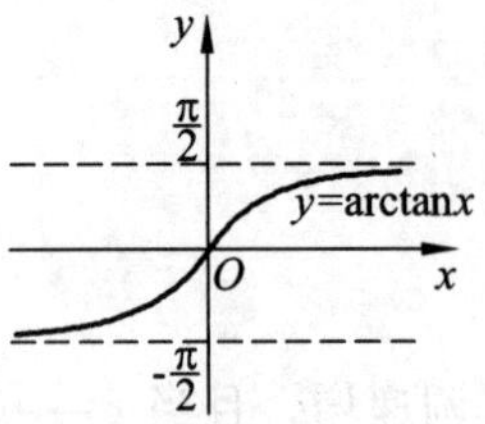

（3）$f(x)=\arctan x$ 的图像

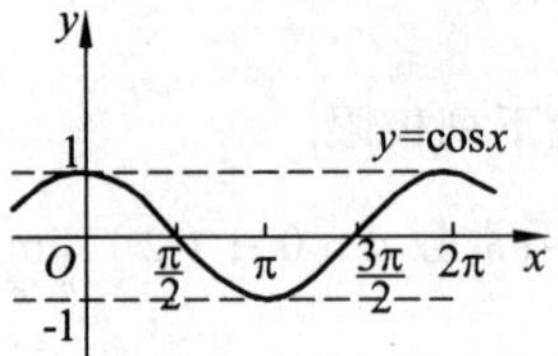

（4）$f(x)=\cos x$ 的图像

解 通过对函数图形的观察可知：

（1）$\lim\limits_{x\to+\infty}\left(\dfrac{1}{2}\right)^x=0$，$\lim\limits_{x\to-\infty}\left(\dfrac{1}{2}\right)^x=+\infty$，所以 $\lim\limits_{x\to\infty}\left(\dfrac{1}{2}\right)^x$ 不存在.

（2）$\lim\limits_{x\to-\infty}\mathrm{e}^x=0$，$\lim\limits_{x\to+\infty}\mathrm{e}^x=+\infty$，所以 $\lim\limits_{x\to\infty}\mathrm{e}^x$ 不存在.

（3）$\lim\limits_{x\to-\infty}\arctan x=-\dfrac{\pi}{2}$，$\lim\limits_{x\to+\infty}\arctan x=\dfrac{\pi}{2}$，所以 $\lim\limits_{x\to\infty}\arctan x$ 不存在.

（4）$\lim\limits_{x\to-\infty}\cos x,\lim\limits_{x\to+\infty}\cos x,\lim\limits_{x\to\infty}\cos x$ 均不存在.

例 3 设函数 $f(x)=\begin{cases}x^2, & -2<x<1\\ 2x-1, & 1\leqslant x<3\\ -2x+1, & x\geqslant 3\end{cases}$，讨论 $x=1$ 和 $x=3$ 时函数的极限是否存在，若存在，求出其极限.

解 （1）因为 $f(1^-)=\lim\limits_{x\to1^-}x^2=1$，$f(1^+)=\lim\limits_{x\to1^+}(2x-1)=1$，

即 $f(1^-)=f(1^+)$，所以 $f(x)$ 在 $x=1$ 处的极限存在，且 $\lim\limits_{x\to1}f(x)=1$.

（2）因为 $f(3^-)=\lim\limits_{x\to3^-}(2x-1)=5$，$f(3^+)=\lim\limits_{x\to3^+}(-2x+1)=-5$，

即 $f(3^-)\neq f(3^+)$，所以 $f(x)$ 在 $x=3$ 处的极限不存在.

例 4 讨论下列极限是否存在：（1）$\lim\limits_{x\to1^-}[x],\lim\limits_{x\to1^+}[x]$；（2）$\lim\limits_{x\to1}[x]$；（3）$\lim\limits_{x\to1}[1.23]$.

解 （1）$\lim\limits_{x\to1^-}[x]=\lim\limits_{x\to1^-}0=0,\lim\limits_{x\to1^+}[x]=\lim\limits_{x\to1^+}1=1$.

（2）由（1）知 $\lim\limits_{x\to1}[x]$ 不存在.

（3）$\lim\limits_{x\to1}[1.23]=\lim\limits_{x\to1}1=1$.

◇ 精选习题

一、判断题（正确的在括号里填√，错误的在括号里填×）

1. $\lim\limits_{x\to x_0} x = x_0$，$\lim\limits_{x\to x_0} C = C$（$C$ 为常数）. （　　）
2. 讨论函数 $y = f(x)$ 在 x_0 点的极限是否存在与该函数在 x_0 点是否有定义无关. （　　）
3. $\lim\limits_{x\to x_0} f(x) = A \Leftrightarrow \lim\limits_{x\to x_0^-} f(x)$ 和 $\lim\limits_{x\to x_0^+} f(x)$ 都存在且都等于 A. （　　）
4. $\lim\limits_{n\to\infty}\dfrac{1}{n^{0.01}} = 0$，$\lim\limits_{n\to\infty}(0.1)^n = 0$. （　　）
5. $\lim\limits_{n\to\infty}\left(\dfrac{5}{3}\right)^n = 0$. （　　）

二、填空题

1. $\lim\limits_{n\to\infty} n^{-\frac{2}{3}} =$ ________；$\lim\limits_{n\to\infty}\left(-\dfrac{2}{3}\right)^n =$ ________；$\lim\limits_{n\to\infty}(-1)^n\dfrac{n+1}{n-1} =$ ________.

2. 先画图，再通过观察图形求出极限：

$\lim\limits_{x\to 2}(2x+1) =$ ________；$\lim\limits_{x\to 2} x^2 =$ ________；$\lim\limits_{x\to 0^+}\ln x =$ ________.

3. 先画图，再通过观察图形求出极限：

$\lim\limits_{x\to+\infty}\left(\dfrac{2}{3}\right)^x =$ ________；$\lim\limits_{x\to+\infty}\log_2 x =$ ________；$\lim\limits_{x\to\infty}\dfrac{1}{x} =$ ________.

4. $\lim\limits_{n\to\infty}(-1)^n n =$ ________；$\lim\limits_{n\to\infty}\dfrac{2^n+(-1)^n}{2^n} =$ ________；$\lim\limits_{n\to\infty} 2^n =$ ________

5. 已知 $f(x)=\begin{cases} x^2+1, & x<1 \\ 3x-1, & 1\leqslant x<2 \\ 7-x, & 2\leqslant x<5 \end{cases}$，先画图，再通过观察图形求出极限：

$\lim\limits_{x\to 1} f(x) =$ ________；$\lim\limits_{x\to 2} f(x) =$ ________.

三、选择题

1. 下列说法正确的是（　　）.

A. 当 $n\to\infty$ 时，数列 $\{x_n\}$ 无限趋近于某个确定的常数 a，则 $\lim\limits_{n\to\infty} x_n = a$

B. $\lim\limits_{x\to\infty} f(x) = A \Leftrightarrow \lim\limits_{x\to-\infty} f(x)$ 和 $\lim\limits_{x\to+\infty} f(x)$ 都存在且都等于 A

C. 函数在某点的极限是否存在与函数在该点的函数值有关

D. 常函数在任意点处的极限是它本身

2. $f(x)=\dfrac{|x|}{x}$，当 $x\to 0^-$ 时，其极限为（　　）.

A. 1　　B. -1　　C. 1 或 -1　　D. 不存在

3. 已知 $f(x)=\dfrac{x^2-1}{x+1}$，当 $x\to 1$ 时，其极限为（　　）.

A. 1　　B. -1　　C. 0　　D. 不存在

4. 下列等式成立的是（　　）.

A. $\lim\limits_{n\to\infty}\left(-\dfrac{1}{2}\right)^n=0$　　B. $\lim\limits_{n\to\infty}\dfrac{1}{n^{0.01}}=0$

C. $\lim\limits_{x\to+\infty}2^{-x}=+\infty$　　D. $\lim\limits_{x\to-\infty}\arctan x=\dfrac{\pi}{2}$

5. 已知 $f(x)=\begin{cases}x^2, & x\leqslant 1\\ x-1, & x>1\end{cases}$，则下列结果正确的是（　　）.

A. $\lim\limits_{x\to1^-}f(x)=1$　　B. $\lim\limits_{x\to1^+}f(x)=1$

C. $\lim\limits_{x\to1}f(x)=1$　　D. $f(1)=1$

四、解答题

1. 观察下列数列在 $n\to\infty$ 时的极限.

（1）$x_n=3-\dfrac{1}{n^2}$；　（2）$x_n=\dfrac{n}{n+2}$；

（3）$x_n=(-1)^n+(-1)^{n+1}$；　（4）$x_n=\left(\dfrac{2}{3}\right)^n-5\cdot\left(-\dfrac{1}{2}\right)^n$.

2. 用图形观察法求下列函数的极限.

（1）$\lim\limits_{x\to2}(5x+2)$；　（2）$\lim\limits_{x\to3}(2x^2+1)$；　（3）$\lim\limits_{x\to\infty}\dfrac{2x+3}{3x}$；

（4）$\lim\limits_{x\to\infty}\left(1+\dfrac{1}{x}\right)$；　（5）$\lim\limits_{x\to+\infty}\left(\dfrac{3}{4}\right)^x$；　（6）$\lim\limits_{x\to-\infty}3^x$；

（7）$\lim\limits_{x\to\infty}\ln x$；　（8）$\lim\limits_{x\to-\infty}\dfrac{1}{x^2+1}$.

3. 函数 $f(x)=4x+2$ 与 $g(x)=\begin{cases}4x+2, & x\neq 2\\ 5, & x=1\end{cases}$ 是否相同？并观察判定 $\lim\limits_{x\to2}f(x)$ 与 $\lim\limits_{x\to2}g(x)$ 是否相同，为什么？

4. 设函数 $f(x)=\begin{cases}3x, & x<1\\ 1, & x=1\\ x^2+2, & x>1\end{cases}$，

（1）画出函数 $y=f(x)$ 的草图，并求单侧极限 $\lim\limits_{x\to1^-}f(x)$ 与 $\lim\limits_{x\to1^+}f(x)$；

（2）极限 $\lim\limits_{x\to1}f(x)$ 是否存在？若存在，求出其值；若不存在，说明理由；

（3）极限 $\lim\limits_{x\to4}f(x)$ 是否存在？若存在，求出其值；若不存在，说明理由.

5. 先作图，然后讨论下列函数的极限.

（1）$\operatorname{sgn}x=\begin{cases}-1, & x<0\\ 0, & x=0\\ 1, & x>0\end{cases}$，在 $x=0$ 处.

（2）设 $f(x)=\begin{cases} x^2+2x-1, & x\leqslant 1 \\ x, & 1<x<2 \\ 2x-2, & x\geqslant 2 \end{cases}$，求 $\lim\limits_{x\to 3}f(x),\lim\limits_{x\to 2}f(x),\lim\limits_{x\to 1}f(x),\lim\limits_{x\to -3}f(x)$.

（3）$\lim\limits_{x\to 1^-}[x]$，$\lim\limits_{x\to 2^+}[x]$，$\lim\limits_{x\to 0^+}[x]$，$\lim\limits_{x\to 0}[x]$.

1.3　无穷小与无穷大

◇ 主要内容

1．无穷小

1）无穷小的概念

定义 1　如果 $\lim\limits_{x\to x_0}f(x)=0$（或 $\lim\limits_{x\to\infty}f(x)=0$），则称函数 $f(x)$ 为当 $x\to x_0$（或 $x\to\infty$）时的无穷小.

特别地，以零为极限的数列 $\{x_n\}$ 称为 $n\to\infty$ 时的无穷小.

2）无穷小的性质

性质 1　有限个无穷小的代数和仍是无穷小.
性质 2　无穷小与有界变量的乘积仍是无穷小.
推论 1　常数乘以无穷小仍是无穷小.
推论 2　有限个无穷小的乘积仍是无穷小.

3）函数极限与无穷小的关系

定理 1　在自变量的同一变化过程 $x\to x_0$（或 $x\to\infty$）中，函数 $f(x)$ 以 A 为极限的充分必要条件是 $f(x)=A+\alpha$，其中 α 是无穷小，即

$$\lim_{x\to X}f(x)=A\Leftrightarrow f(x)=A+\alpha .$$

符号 lim 或 $\lim\limits_{x\to X}$ 是指下列符号之一：$\lim\limits_{x\to x_0},\lim\limits_{x\to x_0^+},\lim\limits_{x\to x_0^-},\lim\limits_{x\to\infty},\lim\limits_{x\to -\infty},\lim\limits_{x\to +\infty}$，以后不再说明.

2．无穷大

定义 2　如果当 $x\to X$ 时，函数 $f(x)$ 的绝对值无限增大，则称函数 $f(x)$ 为当 $x\to X$ 时的无穷大，记作 $\lim\limits_{x\to X}f(x)=\infty$.

3．无穷小与无穷大的关系

定理 2 在自变量的同一变化过程中，

（1）如果 $f(x)$ 为无穷大，则 $\dfrac{1}{f(x)}$ 为无穷小；

（2）如果 $f(x)$ 为无穷小，且 $f(x)\neq 0$，则 $\dfrac{1}{f(x)}$ 为无穷大.

4．无穷小的比较

1）无穷小比较的概念

定义 3 设 α,β 是同一过程中的两个无穷小，且 $\alpha\neq 0$，$\lim\dfrac{\beta}{\alpha}$ 也是这个变化过程中的极限.

（1）如果 $\lim\dfrac{\beta}{\alpha}=0$，则称 β 是比 α 高阶的无穷小，记作 $\beta=o(\alpha)$；

（2）如果 $\lim\dfrac{\beta}{\alpha}=\infty$，则称 β 是比 α 低阶的无穷小；

（3）如果 $\lim\dfrac{\beta}{\alpha}=C(C\neq 0)$，则称 β 与 α 是同阶无穷小；

（4）如果 $\lim\dfrac{\beta}{\alpha}=1$，则称 β 与 α 是等价无穷小，记作 $\alpha\sim\beta$.

2）等价无穷小及其应用

常用的等价无穷小有：

当 $x\to 0$ 时，$\sin x\sim x$，$\tan x\sim x$，$1-\cos x\sim\dfrac{1}{2}x^2$，$\ln(1+x)\sim x$，$e^x-1\sim x$，$\arcsin x\sim x$，$\arctan x\sim x$，$a^x-1\sim x\ln a(a>0)$，$\sqrt[n]{1+x}-1\sim\dfrac{1}{n}x$.

定理 3 如果 $\alpha\sim\alpha'$，$\beta\sim\beta'$，则 $\lim\dfrac{\beta}{\alpha}=\lim\dfrac{\beta'}{\alpha'}$.

◇ 例题解析

例 1 指出下列变量中，哪些是无穷小？哪些是无穷大？

（1）$\ln x$，当 $x\to 1$ 时； （2）$\ln|x|$，当 $x\to 0$ 时；

（3）$e^{\frac{1}{x}}$，当 $x\to 0$ 时； （4）2^{-x}，当 $x\to\infty$ 时.

解 （1）当 $x\to 1$ 时，$\ln x\to 0$，所以 $\ln x$ 是 $x\to 1$ 时的无穷小量.

（2）当 $x\to 0$ 时，$\ln|x|\to-\infty$，所以 $\ln|x|$ 是 $x\to 0$ 时的无穷大量.

（3）当 $x\to 0^-$ 时，$\dfrac{1}{x}\to -\infty$，$e^{\frac{1}{x}}\to 0$；当 $x\to 0^+$ 时，$\dfrac{1}{x}\to +\infty$，$e^{\frac{1}{x}}\to +\infty$，故当 $x\to 0$ 时，$e^{\frac{1}{x}}$ 既不是无穷大量也不是无穷小量.

（4）当 $x\to -\infty$ 时，$-x\to +\infty$，$2^{-x}\to +\infty$；当 $x\to +\infty$ 时，$-x\to -\infty$，$2^{-x}\to 0$，故当 $x\to \infty$ 时，2^{-x} 既不是无穷大量也不是无穷小量.

例2　求 $\lim\limits_{x\to\infty}\dfrac{x+\sin x}{x^2}$.

解　因为

$$\lim_{x\to\infty}\frac{x+\sin x}{x^2}=\lim_{x\to\infty}\left(\frac{1}{x}+\frac{\sin x}{x^2}\right),$$

$\dfrac{1}{x},\dfrac{1}{x^2}$ 都是 $x\to\infty$ 时的无穷小量，而 $\sin x$ 是有界函数，故 $\dfrac{1}{x},\dfrac{\sin x}{x^2}$ 都是无穷小量，由无穷小量的性质知，$\dfrac{1}{x}+\dfrac{\sin x}{x^2}$ 是无穷小量，所以

$$\lim_{x\to\infty}\frac{x+\sin x}{x^2}=0.$$

例3　利用无穷小等价代换求下列极限.

（1）$\lim\limits_{x\to 0}\dfrac{\tan^2 x}{1-\cos x}$；　　（2）$\lim\limits_{x\to 0}\sin 5x\cot 3x$.

解　（1）因为 $\tan x\sim x,\ 1-\cos x\sim\dfrac{1}{2}x^2$，所以

$$\lim_{x\to 0}\frac{\tan^2 x}{1-\cos x}=\lim_{x\to 0}\frac{x^2}{\frac{1}{2}x^2}=2.$$

（2）因为 $\sin 5x\sim 5x,\ \cot 3x=\dfrac{1}{\tan 3x}$，而 $\tan 3x\sim 3x$，所以

$$\lim_{x\to 0}\sin 5x\cot 3x=\lim_{x\to 0}\frac{\sin 5x}{\tan 3x}=\lim_{x\to 0}\frac{5x}{3x}=\frac{5}{3}.$$

◇ 精选习题

一、判断题（正确的在括号里填√，错误的在括号里填×）

1. 无穷小是个很小的数.　（　）
2. 零是无穷小.　（　）
3. 无穷小是在某变化过程中极限为零的一个变量.　（　）
4. 一个非零常数与无穷大的积是无穷大.　（　）
5. 两个无穷大的差一定是无穷小.　（　）

二、填空题

1. 无穷小与有界函数的乘积是__________，$\lim\limits_{x\to\infty}\dfrac{\cos x}{x}=$__________.

2. 在某一变化过程中，无穷大的倒数是__________，$\lim\limits_{x\to\infty}\dfrac{2x^3+x}{x}=$__________.

3. 有限个无穷小的乘积是__________，常数乘以无穷小是__________.

4. 当 $x\to 0$ 时与 $1-\cos x$ 等价的一个无穷小是________.

5. 在某一变化过程中，无穷小的倒数为无穷大的条件是__________.

三、选择题

1. 下列函数是无穷小的是（　　）.

A. $f(x)=2x+\sin x, x\to 0$　　B. $f(x)=\dfrac{1}{3x^2}, x\to 0$

C. $x_n=(-1)^{n-1}\dfrac{n^2+1}{n^3}, n\to\infty$　　D. $f(x)=x\cos\dfrac{1}{x}, x\to 0$

2. 下列函数在自变量 $x\to -1$ 时为无穷小的是（　　）.

A. $f(x)=x^2-1$　　B. $f(x)=\dfrac{x+1}{x+2}$

C. $f(x)=\log_2(x+2)$　　D. $f(x)=\tan x$

3. 设 $f(x)=3^x$，下列结论正确的是（　　）.

A. 当 $x\to-\infty$ 时，$f(x)$ 是无穷小

B. 当 $x\to+\infty$ 时，$f(x)$ 是无穷小

C. 当 $x\to\infty$ 时，$f(x)$ 既不是无穷小也不是无穷大

D. 以上结论都不对

4. 当 $x\to 0$ 时，下列函数与 x 为同阶无穷小的是（　　）.

A. $\sqrt[3]{x}$　　B. $\dfrac{1}{1+x}-(1-x)$　　C. $x+\tan 2x$　　D. $\dfrac{x}{1-x}$

5. 当 $x\to 0$ 时，与 $2x^2$ 比较，哪个函数为高阶无穷小（　　）.

A. $3x^3$　　B. $1-\cos x$　　C. $\sqrt[3]{x^7}$　　D. $\sqrt[5]{x^2}$

四、解答题

1. 下列函数中，哪些是无穷小？哪些是无穷大？

（1）$\log_2 x$，当 $x\to 1$ 时；　　（2）3^x+2，当 $x\to+\infty$ 时；

（3）$e^{\frac{1}{2x}}$，当 $x\to-\infty$ 时；　　（4）x^{-2}，当 $x\to 0$ 时.

2. 利用无穷小等价代换求下列极限.

（1）$\lim\limits_{x\to 0^+}x^{\frac{1}{2}}\sin\dfrac{1}{x^3}$；　　（2）$\lim\limits_{x\to 0}\dfrac{\arctan x}{x}$；　　（3）$\lim\limits_{x\to 0}\dfrac{\sin x}{\sin 2x}$；

（4）$\lim\limits_{x\to 0}\dfrac{\tan 3x}{(1+x)}$；　　（5）$\lim\limits_{x\to 0}\dfrac{\arctan 3x}{2x}$；　　（6）$\lim\limits_{x\to 0}\dfrac{e^{4x}-1}{x}$；

（7）$\lim\limits_{x\to 0^-}\dfrac{(1-\sqrt{\cos x})\tan x}{(1-\cos x)^{\frac{3}{2}}}$；　　（8）$\lim\limits_{x\to 0}\dfrac{(e^{x^2}-1)\arcsin x}{\ln(1+2x)(1-\cos 2x)}$；　　（9）$\lim\limits_{x\to 0}\dfrac{\tan 5x}{\ln(1+x)}$.

3. 利用无穷小的性质计算下列极限

（1）$\lim\limits_{x\to 0} x\cos 3x$；　　（2）$\lim\limits_{x\to 0}\dfrac{1}{\sin 2x}$；

（3）$\lim\limits_{x\to\infty}\dfrac{\cos x}{x^2}$；　　（4）$\lim\limits_{x\to\infty}\dfrac{\arctan 2x}{x+1}$.

4. $x\to 0$，下列函数中哪些是比 x 高阶的无穷小？哪些是比 x 低阶的无穷小？哪些与 x 是同阶的无穷小？哪些与 x 是等价的无穷小？

（1）$\sqrt[3]{x^2}$；　　（2）$\dfrac{1}{1+x}-(1-x)$；　　（3）$2x+\tan 3x$；

（4）$\dfrac{x}{1-x}$；　　（5）$1-\cos 2x$；　　（6）$\ln(1+x)$.

1.4　极限运算法则

◇ 主要内容

定理　如果 $\lim f(x)=A$，$\lim g(x)=B$，则

（1）$\lim[f(x)\pm g(x)]=\lim f(x)\pm\lim g(x)=A\pm B$；

（2）$\lim[f(x)\cdot g(x)]=\lim f(x)\cdot\lim g(x)=A\cdot B$；

（3）若有 $B\neq 0$，则 $\lim\dfrac{f(x)}{g(x)}=\dfrac{\lim f(x)}{\lim g(x)}=\dfrac{A}{B}$.

定理中的（1）、（2）两条可推广到有限个函数的情形. 例如，如果 $\lim f_1(x),\lim f_2(x),\cdots,\lim f_n(x)$ 都存在，则有：

① $\lim[f_1(x)\pm f_2(x)\pm\cdots\pm f_n(x)]=\lim f_1(x)\pm\lim f_2(x)\pm\cdots\pm\lim f_n(x)$；

② $\lim[f_1(x)\cdot f_2(x)\cdot\cdots\cdot f_n(x)]=\lim f_1(x)\cdot\lim f_2(x)\cdot\cdots\cdot\lim f_n(x)$.

关于定理中的第（2）条，有如下推论：

推论　设 $\lim f(x)$ 存在，C 为常数，n 为正整数，则

① $\lim[Cf(x)]=C\lim f(x)$；

② $\lim[f(x)]^n=[\lim f(x)]^n$.

注：（1）因数列是特殊的函数，所以，这些法则对数列也成立；

（2）法则要求每个参与运算的函数的极限都存在，此外，商的极限的运算法则中分母的极限不能为零.

一般地，设 $P_n(x)=a_0x^n+a_1x^{n-1}+\cdots+a_{n-1}x+a_n$，则 $\lim\limits_{x\to x_0}P_n(x)=P_n(x_0)$.

如果有理分式（分子、分母都是多项式的分式）的分母的极限不为零，则有

$$\lim_{x\to x_0}\frac{P(x)}{Q(x)}=\frac{P(x_0)}{Q(x_0)},\quad Q(x_0)\neq 0.$$

如果 $Q(x_0)=0$，不能用上式计算，一般要改用其他方法求极限.

若 $a_0\neq 0$，$b_0\neq 0$，m 和 n 为非负整数，有

$$\lim_{x\to\infty}\frac{a_0x^m+a_1x^{m-1}+\cdots+a_m}{b_0x^n+b_1x^{n-1}+\cdots+b_n}=\begin{cases}0, & m<n\\ \dfrac{a_0}{b_0}, & m=n.\\ \infty, & m>n\end{cases}$$

◇ 例题解析

例 1 求 $\lim\limits_{x\to -2}(2x^2+4x+2)$.

解 $\lim\limits_{x\to -2}(2x^2+4x+2)=2\times(-2)^2+4\times(-2)+2=2$

例 2 求 $\lim\limits_{x\to -1}\dfrac{2x^4-3}{x^3-5x^2+1}$.

解 $\lim\limits_{x\to -1}\dfrac{2x^4-3}{x^3-5x^2+1}=\dfrac{2\times(-1)^4-3}{(-1)^3-5\times(-1)^2+1}=\dfrac{1}{5}$

例 3 求 $\lim\limits_{x\to 3}\dfrac{x^3-27}{x^2-9}$.

解
$$\lim_{x\to 3}\frac{x^3-27}{x^2-9}=\lim_{x\to 3}\frac{(x-3)(x^2+3x+9)}{(x-3)(x+3)}=\lim_{x\to 3}\frac{x^2+3x+9}{x+3}$$
$$=\frac{3^2+3\times 3+9}{3+3}=\frac{27}{6}=4\frac{1}{2}.$$

例 4 求 $\lim\limits_{x\to\infty}\dfrac{x^4-2x+4}{2x^3+x^2+2}$.

解 因为

$$\lim_{x\to\infty}\frac{2x^3+x^2+2}{x^4-2x+4}=\lim_{x\to\infty}\frac{\dfrac{2}{x}+\dfrac{1}{x^2}+\dfrac{2}{x^4}}{1-\dfrac{2}{x^3}+\dfrac{4}{x^4}}=0,$$

所以 $\lim\limits_{x\to\infty}\dfrac{x^4-2x+4}{2x^3+x^2+2}=\infty$.

◇ 精选习题

一、判断题（正确的在括号里填√，错误的在括号里填×）

1. 如果 $\lim f(x)$ 和 $\lim g(x)$ 均存在，则 $\lim[g(x)+C]$ 存在（C 为任意常数）. （ ）
2. 如果 $\lim f(x)$ 和 $\lim[f(x)+g(x)]$ 均存在，则 $\lim[2f(x)-g(x)]$ 存在. （ ）
3. 如果 $\lim f(x)$ 和 $\lim[f(x)+g(x)]$ 均存在，则 $\lim[f(x)g(x)]$ 存在. （ ）

4. 如果 $\lim f(x)$ 和 $\lim g(x)$ 都不存在，则 $\lim[f(x)+g(x)]$ 不存在.　　(　　)

5. 如果 $\lim f(x)$ 存在， $\lim g(x)$ 不存在，则 $\lim[f(x)+g(x)]$ 不存在.　　(　　)

二、填空题

1. $\lim\limits_{x\to -1}(x^2+2x+2)=$______________.

2. $\lim\limits_{x\to -2}\dfrac{x^2-x-6}{x^2-4}=$______________.

3. $\lim\limits_{x\to \infty}\dfrac{3x^3-2x+1}{2x^2-4x}=$______________.

4. $\lim\limits_{x\to \infty}\dfrac{ax+1}{2x-1}=6$，则 $a=$______________.

5. $\lim\limits_{x\to \infty}(\sqrt{x^2-3x}-2x)=$______________.

三、选择题

1. $\lim\limits_{x\to -3}\dfrac{2x^2+7x+3}{x^2+5x+6}$ 的值是（　　）.

A. 2　　B. 不存在　　C. $\dfrac{7}{5}$　　D. 5

2. $\lim\limits_{x\to \infty}\dfrac{(x-1)^5(3x+2)^4}{(4x+1)^9}$ 的值为（　　）.

A. $\dfrac{3}{4}$　　B. $\dfrac{3^4}{4^9}$　　C. ∞　　D. 不存在

3. $\lim\limits_{x\to -3}\dfrac{3ax-4b}{x+3}=2$，则 a,b 的值分别为（　　）.

A. $a=\dfrac{2}{3},b=\dfrac{3}{2}$　　B. $a=\dfrac{2}{3},b=-\dfrac{3}{2}$

C. $a=-\dfrac{3}{2},b=\dfrac{2}{3}$　　D. $a=-\dfrac{2}{3},b=\dfrac{3}{2}$

4. $\lim\limits_{x\to \infty}\dfrac{3ax-4b}{x+3}=2$，则 a,b 的值分别为（　　）.

A. $a=\dfrac{2}{3}$, b 可以任意取值　　B. $a=\dfrac{2}{3},b=-\dfrac{3}{2}$

C. $a=-\dfrac{3}{2},b=\dfrac{2}{3}$　　D. $a=-\dfrac{2}{3}$, b 可以任意取值

5. $\lim\limits_{n\to \infty}\left[\left(-\dfrac{2}{3}\right)^n+\dfrac{(-1)^n}{n^{\frac{2}{3}}}\right]$ 的值为（　　）.

A. 1　　B. 0　　C. -1　　D. 不存在

四、解答题

1. 求下列极限.

（1）$\lim\limits_{x\to 2}(2x^2-x+3)$；（2）$\lim\limits_{x\to\sqrt{3}}\dfrac{x^2+3}{x^4+2x^2-2}$；

（3）$\lim\limits_{h\to 0}\dfrac{(x-2h)^2-x^2}{h}$；（4）$\lim\limits_{x\to -3}\dfrac{x^2+2x+1}{(x+3)^2}$；

（5）$\lim\limits_{x\to 2}\dfrac{x^2-2x-4}{4-x^2}$；（6）$\lim\limits_{x\to 1}\dfrac{\sqrt{3+x}+\sqrt{3-x}}{x}$；

（7）$\lim\limits_{x\to 1}\dfrac{3+\sqrt{3-x^2}}{2-\sqrt{2+x^2}}$；（8）$\lim\limits_{x\to -2}\left(\dfrac{1}{x+2}-\dfrac{12}{x^3+8}\right)$；

（9）$\lim\limits_{x\to\infty}\dfrac{3x^4+5}{2x^4+x^3+2}$；（10）$\lim\limits_{x\to\infty}\dfrac{x^6-3x^4+3}{4x^3+x^2-2}$；

（11）$\lim\limits_{x\to\infty}\dfrac{4x^2-5x+3}{2x^3-3x^2+3x-4}$；（12）$\lim\limits_{x\to\infty}\left(2+\dfrac{3}{x^2}\right)\left(2+\dfrac{4}{x^3}\right)$；

（13）$\lim\limits_{x\to 2}\left(\dfrac{x}{x-1}-\dfrac{2}{x^2+x+1}\right)$；（14）$\lim\limits_{x\to\infty}\dfrac{\cos 2x}{\sqrt{3+4x^2}}$；

（15）$\lim\limits_{x\to\infty}\dfrac{(2x+3)^5(2x+5)^6}{(2x-1)^{11}}$；（16）$\lim\limits_{x\to\infty}(\sqrt{4x^2+x+1}-2x+2)$.

2. 已知 $\lim\limits_{x\to 2}\dfrac{ax-b}{x-2}=3$，求常数 a 与 b 的值.

3. 设 $f(x)=\begin{cases}2x-1, & x\leqslant 2\\ 3x+a, & x>2\end{cases}$，若 $\lim\limits_{x\to 2}f(x)$ 存在，求常数 a 的值.

4. 设 $f(x)=\begin{cases}3x+2, & x\leqslant 2\\ ax+b, & 2<x<3\\ 4x-1, & x\geqslant 3\end{cases}$，若 $\lim\limits_{x\to 2}f(x)$ 和 $\lim\limits_{x\to 3}f(x)$ 存在，求常数 a 与 b 的值.

1.5 两个重要极限

◇ 主要内容

（1）第一个重要极限：

$$\lim_{x\to 0}\frac{\sin x}{x}=1.$$

推广形式：

$$\lim_{x\to X}\frac{\sin u}{u}=1\ (\text{当}\lim_{x\to X}u=0\text{时}).$$

$x\to X$ 可能是如下形式之一：$x\to x_0, x\to x_0^+, x\to x_0^-, x\to\infty, x\to+\infty, x\to-\infty$，以后不再说明.

（2）第二个重要极限：

$$\lim_{x\to\infty}\left(1+\frac{1}{x}\right)^x = \mathrm{e} \quad 或 \quad \lim_{x\to 0}(1+x)^{\frac{1}{x}} = \mathrm{e}.$$

推广形式：

$$\lim_{x\to X}\left(1+\frac{1}{u}\right)^u = \mathrm{e} \ \ (\lim_{x\to X} u = \infty \text{ 或 } \lim_{x\to X} u = +\infty \text{ 或 } \lim_{x\to X} u = -\infty).$$

$$\lim_{x\to X}(1+u)^{\frac{1}{u}} = \mathrm{e}\ (\lim_{x\to X} u = 0).$$

◇ 例题解析

例 1　求 $\lim\limits_{x\to 1}\dfrac{\cos 2(x-1)-1}{3(x-1)^2}$.

解　
$$\begin{aligned}\lim_{x\to 1}\frac{\cos 2(x-1)-1}{3(x-1)^2} &= \lim_{x\to 1}\frac{1-2\sin^2(x-1)-1}{3(x-1)^2}\\ &= -\frac{2}{3}\lim_{x\to 1}\frac{\sin^2(x-1)}{(x-1)^2}\\ &= -\frac{2}{3}\lim_{x\to 1}\left[\frac{\sin(x-1)}{x-1}\right]^2\\ &= -\frac{2}{3}.\end{aligned}$$

例 2　求 $\lim\limits_{x\to 0}\dfrac{\tan x(1-\cos x)}{x\cdot\sin^2 x}$.

解　
$$\begin{aligned}\lim_{x\to 0}\frac{\tan x(1-\cos x)}{x\cdot\sin^2 x} &= \lim_{x\to 0}\frac{\tan x}{x}\cdot\frac{2\sin^2\frac{1}{2}x}{\sin^2 x}\\ &= \frac{1}{2}\lim_{x\to 0}\frac{\left(\sin\frac{1}{2}x\right)^2}{\left(\frac{1}{2}x\right)^2}\cdot\frac{x^2}{\sin^2 x}\\ &= \frac{1}{2}.\end{aligned}$$

例 3　求 $\lim\limits_{x\to\infty}\left(\dfrac{3x+2}{3x+4}\right)^{2x+3}$.

解　原式 $=\lim\limits_{x\to\infty}\left(\dfrac{1+\frac{2}{3x}}{1+\frac{4}{3x}}\right)^{2x}\cdot\left(\dfrac{1+\frac{2}{3x}}{1+\frac{4}{3x}}\right)^3$

$$=\lim_{x\to\infty}\frac{\left(1+\frac{2}{3x}\right)^{\frac{3x}{2}\times\frac{4}{3}}}{\left(1+\frac{4}{3x}\right)^{\frac{3x}{4}\times\frac{8}{3}}}$$

$$=\frac{e^{\frac{4}{3}}}{e^{\frac{8}{3}}}=e^{-\frac{4}{3}}.$$

◇ 精选习题

一、判断题（正确的在括号里填√，错误的在括号里填×）

1. $\lim\limits_{x\to\infty}\frac{\sin 3x}{2x}=\frac{3}{2}$. （　）

2. $\lim\limits_{x\to 0}\left(1+\frac{1}{2x}\right)^{x}=e^{\frac{1}{2}}$. （　）

3. $\lim\limits_{x\to\infty}(1-2x)^{\frac{2}{x}}=e^{-2}$. （　）

4. $\lim\limits_{x\to\infty}x^{2}\cos\frac{1}{x^{2}}=1$. （　）

5. $\lim\limits_{x\to X}(1+p)^{\frac{1}{p}}=e\ (\lim\limits_{x\to X}p=0)$. （　）

二、填空题

1. $\lim\limits_{x\to 0}\frac{3}{x}\ln(1+x)^{2}=$________________.

2. $\lim\limits_{x\to 1^{-}}\frac{\sin|x-1|}{x^{2}-2x-3}=$________________.

3. $\lim\limits_{x\to 2^{-}}\frac{\tan(3x-6)}{(x-2)[x-2]}=$________________.

4. $\lim\limits_{x\to\infty}\left(\frac{2x-3}{4x+3}\right)^{x}=$________________.

5. $\lim\limits_{x\to 0}(1-4x)^{\frac{1}{2x}}=$________________.

三、选择题

1. $\lim\limits_{x\to\infty}\left(\frac{2x+3}{3x-2}\right)^{x+2}$ 的计算结果是（　　）.

A. $\frac{2}{3}$　　B. $\frac{4}{9}$　　C. 0　　D. e^{2}

2. $\lim\limits_{x\to\infty}\left(\dfrac{4x+3}{3x-2}\right)^{x+2}$ 的计算结果是（　　）.

A. $\dfrac{2}{3}$　　B. $\dfrac{4}{9}$　　C. ∞　　D. e^2

3. $\lim\limits_{x\to\infty}\left(\dfrac{3x+3}{3x-2}\right)^{x+2}$ 的计算结果是（　　）.

A. 1　　B. $e^{\frac{5}{3}}$　　C. ∞　　D. e^2

4. $\lim\limits_{x\to\infty}\dfrac{1}{[x]}\sin[x]$ 的计算结果是（　　）.

A. 1　　B. 0　　C. ∞　　D. 不存在

5. $\lim\limits_{x\to 0}\dfrac{\sin^2 x}{\ln(1+x)(e^x-1)}$ 的计算结果是（　　）.

A. 1　　B. 2　　C. ∞　　D. 不存在

四、解答题

1. 判断下列各式是否成立.

（1）$\lim\limits_{x\to 1}\dfrac{\sin x}{x}=1$；（2）$\lim\limits_{x\to 0}\dfrac{\sin x}{x}=1$；（3）$\lim\limits_{x\to\infty}\dfrac{\sin x}{x}=1$；

（4）$\lim\limits_{x\to\infty}(1+2x)^{\frac{1}{x}}=e^2$；（5）$\lim\limits_{x\to 0}\left(1+\dfrac{1}{x}\right)^{2x}=e^2$；（6）$\lim\limits_{x\to\infty}\left(1+\dfrac{2}{3x}\right)^{\frac{2}{3x}}=e$.

2. 求下列极限.

（1）$\lim\limits_{x\to\infty}x^2\sin\dfrac{1}{x^3}$；（2）$\lim\limits_{x\to 1}\dfrac{\sin 2(x-1)}{2x-1}$；

（3）$\lim\limits_{x\to 0}\dfrac{x\sin 3x}{\ln(1+x^2)}$；（4）$\lim\limits_{x\to\frac{\pi}{2}}\dfrac{\sin 3x}{2x}$；

（5）$\lim\limits_{x\to 0}\dfrac{\tan x(e^x-1)}{\cos x-1}$；（6）$\lim\limits_{x\to 0}\dfrac{4x+\sin 2x}{\sin 3x}$；

（7）$\lim\limits_{x\to 2}\dfrac{\sin^2(x-2)}{x(x-2)}$；（8）$\lim\limits_{x\to 0}\dfrac{1-\cos 2x}{x\sin 2x}$.

3. 求下列极限.

（1）$\lim\limits_{x\to\infty}\left(1+\dfrac{1}{4x}\right)^{3x}$；（2）$\lim\limits_{x\to\infty}\left(1-\dfrac{1}{2x}\right)^{3x}$；

（3）$\lim\limits_{x\to\infty}\left(1-\dfrac{1}{2x}\right)^{2x+5}$；（4）$\lim\limits_{x\to 0}(1+2x)^{\frac{2}{3x}}$；

（5）$\lim\limits_{x\to\infty}\left(1+\dfrac{1}{x-1}\right)^{2x-1}$；（6）$\lim\limits_{x\to\infty}\left(1-\dfrac{1}{4x}\right)^{-3x+4}$；

（7）$\lim\limits_{x\to\infty}\left(\dfrac{2x+2}{2x-3}\right)^{2x+1}$；（8）$\lim\limits_{x\to\infty}\left(\dfrac{2x+2}{3x-3}\right)^{2x+3}$；

（9）$\lim\limits_{x\to\infty}\left(\dfrac{3x+2}{2x-3}\right)^{3x-2}$；　　　　（10）$\lim\limits_{x\to-1}(1+\ln(x+2))^{\frac{3}{\ln(x+2)}}$.

1.6　函数的连续性

◇ 主要内容

1. 连续函数的概念

1）函数的增量

定义 1　设变量 u 从它的初值 u_0 变到终值 u_1，终值与初值之差 u_1-u_0 称为变量 u 的增量，或称为 u 的改变量，记为 Δu，即

$$\Delta u=u_1-u_0.$$

注意：Δu 是一个整体不可分割的记号，且 Δu 可正，可负，也可以为零.

设函数 $y=f(x)$ 在点 x_0 处及其近旁有定义，当自变量 x 从 x_0 变到 $x_0+\Delta x$ 时，函数 y 相应的从 $f(x_0)$ 变到 $f(x_0+\Delta x)$，因此函数 y 的相应增量为

$$\Delta y=f(x_0+\Delta x)-f(x_0).$$

其几何意义如图 1.6-1 所示.

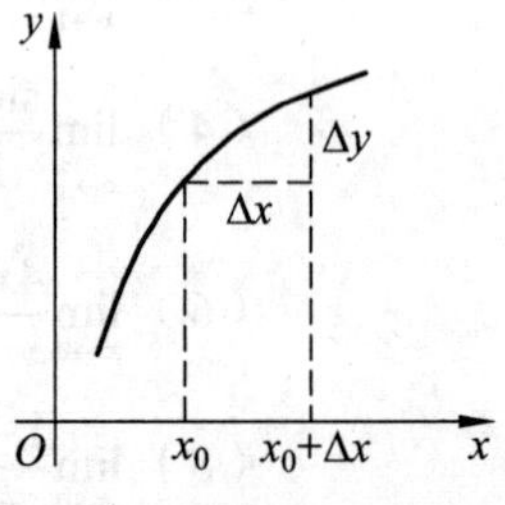

图 1.6-1　增量的几何意义

2）函数的连续性

定义 2　设函数 $y=f(x)$ 在点 x_0 处及其近旁有定义，如果当自变量的增量 Δx 趋近于零时，相应的函数值的增量 Δy 也趋近于零，即

$$\lim_{\Delta x\to 0}\Delta y=0 \quad 或 \quad \lim_{\Delta x\to 0}\left[f(x_0+\Delta x)-f(x_0)\right]=0,$$

则称函数 $y=f(x)$ 在点 x_0 处连续.

在定义 2 中，若令 $x=x_0+\Delta x$，则当 $\Delta x\to 0$ 时，$x\to x_0$，当 $\Delta y\to 0$ 时，$f(x)\to f(x_0)$，因此，函数在点 x_0 处连续的定义又可以写成定义 3.

定义 3　设函数 $y=f(x)$ 在点 x_0 的近旁有定义，若

$$\lim_{x\to x_0} f(x)=f(x_0),$$

则称函数 $f(x)$ 在点 x_0 处连续.

由定义 3 可知，函数 $f(x)$ 在点 x_0 处连续，必须同时满足以下三个条件：

（1）$f(x)$ 在点 x_0 处有定义，即 $f(x_0)$ 存在；

（2）$\lim\limits_{x\to x_0} f(x)$ 存在；

（3）$\lim\limits_{x\to x_0} f(x)=f(x_0)$.

若 $\lim\limits_{x\to x_0^-} f(x)=f(x_0)$，则称函数 $f(x)$ 在点 x_0 处左连续；

若 $\lim\limits_{x\to x_0^+} f(x)=f(x_0)$，则称函数 $f(x)$ 在点 x_0 处右连续.

定理 1　函数 $f(x)$ 在点 x_0 处连续 $\Leftrightarrow$ 函数 $f(x)$ 在点 x_0 处既左连续又右连续.

如果函数 $f(x)$ 在开区间 (a,b) 内每一点都连续，则称函数 $f(x)$ 在开区间 (a,b) 内连续，如果函数 $f(x)$ 在开区间 (a,b) 内连续，且在左端点 a 右连续，在右端点 b 左连续，则称函数 $f(x)$ 在闭区间 $[a,b]$ 上连续.

2．函数的间断点

定义 4　函数 $f(x)$ 不连续的点 x_0 称为函数 $f(x)$ 的间断点.

由定义 3 可知，如果函数 $f(x)$ 在点 x_0 处有下列三种情况之一，点 x_0 就是 $f(x)$ 的间断点.

（1）$f(x_0)$ 不存在；

（2）$\lim\limits_{x\to x_0} f(x)$ 不存在；

（3）$\lim\limits_{x\to x_0} f(x)$ 存在，但 $\lim\limits_{x\to x_0} f(x)\neq f(x_0)$.

3．连续函数的运算与初等函数的连续性

1）连续函数的四则运算

定理 2　设函数 $f(x)$ 和 $g(x)$ 都在点 x_0 处连续，则

（1）$f(x)\pm g(x)$ 在点 x_0 处连续；

（2）$f(x)\cdot g(x)$ 在点 x_0 处连续；

（3）$\dfrac{f(x)}{g(x)}$ 在点 x_0 处连续 $(g(x_0)\neq 0)$.

2）复合函数的连续性

定理 3　设函数 $y=f(u)$ 在点 u_0 处连续，函数 $u=\varphi(x)$ 在点 x_0 处连续，且 $u_0=\varphi(x_0)$，则复合函数 $y=f[\varphi(x)]$ 在点 x_0 处连续.

3）初等函数的连续性

基本初等函数在其定义域内是连续的，初等函数是由基本初等函数经过有限次的四则运算和有限次的函数复合而得到的，所以根据定理 1 和定理 2 可得重要结论：**一切初等函数在其定义区间内都是连续的.**

根据这个结论，求初等函数在其定义区间内某点 x_0 的极限时，只需求函数在点 x_0 处的函数值 $f(x_0)$ 即可，即

$$\lim_{x\to x_0} f(x)=f(x_0).$$

同时，初等函数的间断点就是定义域之外的点.

4．闭区间上连续函数的性质

闭区间上的连续函数具有许多重要性质，下面介绍其中的最大值最小值定理和介值定理.

先给出最大值与最小值的概念.

设 $f(x)$ 在区间 I（开或闭）上有定义，如果有 $x_0\in I$，使得对于任意 $x\in I$，都有

$$f(x)\leqslant f(x_0)\text{（或 }f(x)\geqslant f(x_0)\text{）},$$

则称 $f(x_0)$ 是函数 $f(x)$ 在区间 I 上的最大值（或最小值）.

定理 4（最大值最小值定理） 若函数 $f(x)$ 在闭区间 $[a,b]$ 上连续，则函数 $f(x)$ 在 $[a,b]$ 上必有最大值和最小值.

定理 5（介值定理） 若函数 $f(x)$ 在闭区间 $[a,b]$ 上连续，m 和 M 分别为 $f(x)$ 在 $[a,b]$ 上的最小值和最大值，则对于介于 m 和 M 之间的任一实数 C，至少存在一点 $\xi\in[a,b]$，使得 $f(\xi)=C$.

推论 若函数 $f(x)$ 在闭区间 $[a,b]$ 上连续，且 $f(a)$ 与 $f(b)$ 异号，则至少存在一点 $\xi\in(a,b)$，使得 $f(\xi)=0$.

此推论常被用来判定方程根的存在与否.

◇ 例题解析

例 1 用连续的定义证明 $y=\sin x$ 在点 $x_0=\dfrac{\pi}{2}$ 处是连续的.

证明 当自变量 x 在点 $x_0=\dfrac{\pi}{2}$ 处有增量 Δx 时，相应的函数的增量为

$$\Delta y=f(x_0+\Delta x)-f(x_0)=\sin\left(\frac{\pi}{2}+\Delta x\right)-\sin\frac{\pi}{2}$$

$$=2\cos\frac{\left(\frac{\pi}{2}+\Delta x\right)+\frac{\pi}{2}}{2}\sin\frac{\left(\frac{\pi}{2}+\Delta x\right)-\frac{\pi}{2}}{2}$$

$$=2\cos\left(\frac{\pi}{2}+\frac{\Delta x}{2}\right)\sin\frac{\Delta x}{2}=-2\sin^2\frac{\Delta x}{2}.$$

因为 $\lim\limits_{\Delta x\to 0}\dfrac{\sin^2\dfrac{\Delta x}{2}}{\left(\dfrac{\Delta x}{2}\right)^2}=1$，即 $\sin^2\dfrac{\Delta x}{2}\sim\left(\dfrac{\Delta x}{2}\right)^2\ (\Delta x\to 0)$，所以

$$\lim_{\Delta x\to 0}\Delta y=\lim_{\Delta x\to 0}\left(-2\sin^2\frac{\Delta x}{2}\right)=0,$$

由连续的定义可知，$y=\sin x$ 在点 $x_0=\dfrac{\pi}{2}$ 处是连续的.

例 2　考察函数 $f(x)=\begin{cases}\dfrac{\ln(1+x)}{x}, & x\neq 0\\ 1, & x=0\end{cases}$ 在点 $x=0$ 处的连续性.

解　由于 $f(0)=1$，而

$$\lim_{x\to 0}f(x)=\lim_{x\to 0}\frac{\ln(1+x)}{x}=\lim_{x\to 0}\ln(1+x)^{\frac{1}{x}}=\ln \mathrm{e}=1,$$

故有

$$\lim_{x\to 0}f(x)=f(0).$$

所以函数 $f(x)$ 在点 $x=0$ 处连续.

例 3　考察函数 $f(x)=\begin{cases}2x^2-1, & x\leqslant 1\\ x+1, & 1<x<2\\ 3x-3, & x\geqslant 2\end{cases}$ 在点 $x=1$ 和 $x=2$ 处的连续性.

解　因为

$$f_-(1)=\lim_{x\to 1^-}f(x)=\lim_{x\to 1^-}(2x^2-1)=1,\quad f_+(1)=\lim_{x\to 1^+}(x+1)=2,$$

即

$$f_-(1)\neq f_+(1).$$

所以 $f(x)$ 在点 $x=1$ 处不连续.

因为

$$f_-(2)=\lim_{x\to 2^-}(x+1)=3,\quad f_+(2)=\lim_{x\to 2^+}(3x-3)=3,\quad f(2)=3,$$

即

$$f_-(2)=f_+(2)=f(2)=3,$$

所以 $f(x)$ 在点 $x=2$ 处连续.

◇ 精选习题

一、判断题（正确的在括号里填√，错误的在括号里填×）

1. 函数在某点连续与函数在这点是否有定义无关.　　（　　）
2. 函数在某点连续的充要条件是它在这点既左连续同时又右连续.　　（　　）

3. 函数在某点不连续，但函数在这点左、右极限都存在，则这点是该函数的第一类间断点.　　(　　)

4. 函数在$[a,b]$上连续，且在两个端点的函数值异号，则该函数在(a,b)内至少有一个零点.　　(　　)

5. 函数$f(x)=3x^3-2x^2+1$在$(-\infty,+\infty)$内至少有一根.　　(　　)

二、填空题

1. $f(x)$在间断点x_0的左、右极限至少有一个不存在，则x_0是$f(x)$的第______类间断点.

2. $f(x)=\dfrac{x+2}{(x-1)(x+3)}$的连续区间为__________.

3. $f(x)=\begin{cases} e^{x-1}+1, & x\leqslant 1 \\ ax+3, & x>1 \end{cases}$在点$x=1$处连续，则$a=$__________.

4. 区间$[a,b]$上的连续函数__________最大值和最小值.

5. 已知$f(x)=(1+x)^{\frac{1}{x}}$，则$x=0$是它的第__________类间断点.

三、选择题

1. 下列说法不正确的是(　　).

A. 若$f(x)$在点x_0连续，则$\lim\limits_{x\to x_0}f(x)=f(x_0)$

B. 若$f(x)$在点x_0的某个邻域内有定义，但在点x_0不连续，则$\lim\limits_{x\to x_0^-}f(x)\neq f(x_0)$

C. 若$\lim\limits_{x\to x_0}f(x)=f(x_0)$，$f(x)$在点$x_0$连续

D. $f(x)$在$[a,b]$上连续，且$f(a)f(b)>0$，则$f(x)$在(a,b)内一定无零点

2. $x=0$是下列函数的第二类间断点的是(　　).

A. $f(x)=\dfrac{x+1}{x(x+2)}$　　B. $f(x)=\begin{cases} \dfrac{\sin x}{x}, & x\leqslant 0 \\ \dfrac{1}{x}, & x>0 \end{cases}$

C. $f(x)=\begin{cases} x+1, & x<0 \\ x^2, & x\geqslant 0 \end{cases}$　　D. $f(x)=\begin{cases} 3x, & x<0 \\ 2x, & x\geqslant 0 \end{cases}$

3. 下列说法正确的是(　　).

A. 方程$x^4+2x^2+2=0$在$(-2,1)$内至少有一根

B. 方程$x^2-2x-2=0$在$(-1,2)$内至少有一根

C 方程$x^3-2x+2=0$在$(-2,1)$内至少有一根

D. 方程$x\cdot 2^x=1$至少有一个小于1的正根.

4. 下列说法不正确的是(　　).

A. $f(x)$在(a,b)内连续，在(a,b)内一定不能同时达到最大值和最小值

B. $f(x)$在$[a,b]$上严格单调增加，则$f(b)$一定是$f(x)$在$[a,b]$上的最大值

C. $f(x)$在$[a,b]$上连续，且$f(a)\cdot f(b)>0$，则$f(x)$在(a,b)内一定没有零点

D. $f(x)$ 在 $[a,b]$ 上严格单调增加，且 $f(a)=0$，则在 (a,b) 内 $f(x)>0$ 恒成立

5. 下列结果正确的是（　　）.

A. $\lim\limits_{x\to\frac{\pi}{2}}\dfrac{\sin 2x}{x}=2$　　B. $\lim\limits_{x\to 0}\dfrac{e^x-1}{x}=1$

C. $\lim\limits_{x\to 0}\ln\dfrac{\sin x}{x}=0$　　D. $\lim\limits_{x\to\infty}\cos\left[\ln\left(1+\dfrac{1}{x}\right)\right]=0$

四、解答题

1. 设圆的半径为 r，

（1）当 r 由 2 m 变到 2.05 m 时，求面积 S 的增量；

（2）当 r 由 2 m 变到 1.95 m 时，求面积 S 的增量；

（3）当 r 取得增量 Δr 时，求面积 S 的增量 ΔS.

2. 讨论下列函数在点 $x=1$ 处的连续性：

（1）$f(x)=\begin{cases}1-2x, & x\leqslant 1\\ 1-x^2, & x>1\end{cases}$；　（2）$f(x)=\begin{cases}\dfrac{\sin 2(x-1)}{x-1}, & x<1\\ x^2+1, & x\geqslant 1\end{cases}$.

3. 指出下列函数的间断点，并指明间断点的类型：

（1）$f(x)=\dfrac{x^2-1}{x^2-3x-4}$；　（2）$f(x)=\tan 2x$；

（3）$f(x)=\dfrac{e^x-1}{x}$；　（4）$f(x)=\arctan\dfrac{1}{2x}$；

（5）$f(x)=\begin{cases}x+2, & x\leqslant -1\\ 4+5x, & x>-1\end{cases}$；　（6）$f(x)=\begin{cases}x^2-1, & x\neq 0\\ 2, & x=0\end{cases}$.

4. 要使函数 $f(x)$ 连续，常数 a 应取何值？

$$f(x)=\begin{cases}\ln(1+2x)^{\frac{1}{x}}, & x<0\\ 2a+3\cos x, & x\geqslant 0\end{cases}.$$

5. 要使函数 $f(x)$ 连续，常数 a,b 各应取何值？

$$f(x)=\begin{cases}\dfrac{1}{x}\sin 2x, & x<0\\ a-b, & x=0\\ x\sin\dfrac{1}{x}+b, & x>0\end{cases}.$$

6. 求下列极限.

（1）$\lim\limits_{x\to 0}2e^{x+1}(\cos 2x+1)$；　（2）$\lim\limits_{x\to\frac{\pi}{4}}(\sin 2x)^3$；

（3）$\lim\limits_{x\to e}\sin\dfrac{1}{2}(\pi\ln x)$；　（4）$\lim\limits_{x\to 1}\dfrac{\ln(e^{2x}+e^{x^2+1})}{\sqrt{2^x+2}+\arcsin x}$；

（5）$\lim\limits_{x\to 0}\dfrac{x^2}{2-\sqrt{4+x^2}}$；（6）$\lim\limits_{x\to\infty}\left[2e^{\frac{2}{x}}+3\ln\left(1+\dfrac{1}{x}\right)^{2x}\right]$.

7. 求下列函数的连续区间，并求极限：

（1）$f(x)=\dfrac{1}{\sqrt{x^2-3x-4}}$，求 $\lim\limits_{x\to -2}f(x)$；

（2）$f(x)=\begin{cases}x^2-1, & 0\leqslant x\leqslant 2\\ x+1, & 2<x<4\end{cases}$，求 $\lim\limits_{x\to\frac{1}{2}}f(x)$ 和 $\lim\limits_{x\to 2}f(x)$.

8. 证明方程 $x^4-3x^3+1=0$ 在区间 $(2,3)$ 内至少有一个根.

9. 证明方程 $x\cdot 3^x=4$ 至少有一个大于 1 的根.

第 2 章
导数与微分

2.1 导数的概念

◇ 主要内容

1. 导数的概念

1）变速直线运动的瞬时速度

设物体的运动方程为 $s=s(t)$，若 $\lim\limits_{\Delta t\to 0}\dfrac{s(t_0+\Delta t)-s(t_0)}{\Delta t}$ 存在，则此极限值为物体在 t_0 时刻的瞬时速度，记为

$$v(t_0)=\lim_{\Delta t\to 0}\frac{\Delta s}{\Delta t}=\lim_{\Delta t\to 0}\frac{s(t_0+\Delta t)-s(t_0)}{\Delta t}.$$

2）曲线切线的斜率

设曲线 C 的方程为 $y=f(x)$，若 $\lim\limits_{\Delta x\to 0}\dfrac{f(x_0+\Delta x)-f(x_0)}{\Delta x}$ 存在，则此极限值为曲线在点 $M_0(x_0,y_0)$ 处的切线的斜率，记为

$$k=\lim_{\Delta x\to 0}\frac{\Delta y}{\Delta x}=\lim_{\Delta x\to 0}\frac{f(x_0+\Delta x)-f(x_0)}{\Delta x}.$$

3）导数的概念

定义 设函数 $y=f(x)$ 在点 x_0 的某一邻域内有定义，若极限

$$\lim_{\Delta x\to 0}\frac{\Delta y}{\Delta x}=\lim_{\Delta x\to 0}\frac{f(x_0+\Delta x)-f(x_0)}{\Delta x}$$

存在，则称函数 $y=f(x)$ 在点 x_0 处**可导**，并称这个极限值为函数 $y=f(x)$ 在点 x_0 处的**导数**，记作

$$f'(x_0)=\lim_{\Delta x\to 0}\frac{\Delta y}{\Delta x}=\lim_{\Delta x\to 0}\frac{f(x_0+\Delta x)-f(x_0)}{\Delta x}.$$

导数记号有：$f'(x_0)$，$y'\big|_{x=x_0}$，$\left.\dfrac{\mathrm{d}y}{\mathrm{d}x}\right|_{x=x_0}$ 或 $\left.\dfrac{\mathrm{d}f(x)}{\mathrm{d}x}\right|_{x=x_0}$.

如果函数 $f(x)$ 在开区间 (a,b) 内每一点处都可导，则称 $f(x)$ 在开区间 (a,b) 内可导. 其导函数为 $f'(x)$，即

$$f'(x)=\lim_{\Delta x\to 0}\frac{f(x+\Delta x)-f(x)}{\Delta x}.$$

根据导数的定义，求函数 $y=f(x)$ 在点 x_0 处的导数可按下列步骤进行：

（1）计算函数的增量：$\Delta y=f(x_0+\Delta x)-f(x_0)$；

（2）计算函数增量与自变量增量的比值：$\dfrac{\Delta y}{\Delta x}=\dfrac{f(x_0+\Delta x)-f(x_0)}{\Delta x}$；

（3）计算当 $\Delta x\to 0$ 时，$\dfrac{\Delta y}{\Delta x}$ 的极限：

$$y'\big|_{x=x_0}=f'(x_0)=\lim_{\Delta x\to 0}\frac{\Delta y}{\Delta x}=\lim_{\Delta x\to 0}\frac{f(x_0+\Delta x)-f(x_0)}{\Delta x}.$$

4）导数的几何意义

曲线 $y=f(x)$ 在点 $M_0(x_0,f(x_0))$ 处的切线的斜率为 $f'(x_0)$，则其切线方程和法线方程分别为：

切线方程：$y-y_0=f'(x_0)(x-x_0)$；

法线方程：$y-y_0=-\dfrac{1}{f'(x_0)}(x-x_0)\ (f'(x_0)\neq 0)$.

如果 $y=f(x)$ 在点 x_0 处的导数为 0，即 $k=\tan\alpha=0$，则曲线在点 $M_0(x_0,y_0)$ 处的切线平行于 x 轴，故切线方程为 $y=y_0$；

如果 $y=f(x)$ 在点 x_0 处的导数为无穷大，即 $\tan\alpha$ 不存在，则曲线在点 $M_0(x_0,y_0)$ 处的切线垂直于 x 轴，故切线方程为 $x=x_0$.

2. 函数的可导性与连续性

若 $\lim\limits_{\Delta x\to 0^-}\dfrac{f(x_0+\Delta x)-f(x_0)}{\Delta x}$ 存在，则称此极限值为 $f(x)$ 在点 x_0 处的**左导数**，记为 $f'_-(x_0)$；

若 $\lim\limits_{\Delta x\to 0^+}\dfrac{f(x_0+\Delta x)-f(x_0)}{\Delta x}$ 存在，则称此极限值为 $f(x)$ 在点 x_0 处的**右导数**，记为 $f'_+(x_0)$.

定理 1　$f(x)$ 在点 x_0 处可导 $\Leftrightarrow$ $f(x)$ 在点 x_0 处的左导数 $f'_-(x_0)$ 与右导数 $f'_+(x_0)$ 都存在且相等.

当定理 1 的条件都成立时，有 $f'(x_0)=f'_-(x_0)=f'_+(x_0)$.

定理 2　如果函数 $y=f(x)$ 在点 x_0 处可导，则函数在点 x_0 处连续.

以上定理的逆定理不成立，即如果函数在某点连续，函数在该点并不一定可导.

◇ 例题解析

例 1　用导数定义证明 $(\cos x)'=-\sin x$.

证明 因为

$$\frac{f(x+\Delta x)-f(x)}{\Delta x}=\frac{\cos(x+\Delta x)-\cos x}{\Delta x}=\frac{-2\sin\frac{(x+\Delta x)+x}{2}\sin\frac{(x+\Delta x)-x}{2}}{\Delta x}$$

$$=\frac{-2\sin\left(x+\frac{\Delta x}{2}\right)\sin\frac{\Delta x}{2}}{\Delta x}=-\sin\left(x+\frac{\Delta x}{2}\right)\frac{\sin\frac{\Delta x}{2}}{\frac{\Delta x}{2}},$$

所以

$$\lim_{\Delta x\to 0}\frac{f(x+\Delta x)-f(x)}{\Delta x}=\lim_{\Delta x\to 0}\left[-\sin\left(x+\frac{\Delta x}{2}\right)\frac{\sin\frac{\Delta x}{2}}{\frac{\Delta x}{2}}\right]=-\sin x.$$

所以 $$(\cos x)'=-\sin x.$$

例 2 讨论函数 $f(x)=\begin{cases}x^2\sin\frac{1}{x}, & x\neq 0\\ 0, & x=0\end{cases}$ 在点 $x=0$ 处的连续性和可导性.

解 因为

$$\lim_{x\to 0}f(x)=\lim_{x\to 0}x^2\sin\frac{1}{x}=0=f(0),$$

所以 $f(x)$ 在点 $x=0$ 处连续.

又因为

$$\lim_{x\to 0}\frac{f(x)-f(0)}{x-0}=\lim_{x\to 0}\frac{x^2\sin\frac{1}{x}-0}{x-0}=\lim_{x\to 0}x\sin\frac{1}{x}=0,$$

所以 $f'(0)$ 存在且等于 0.

例 3 试确定常数 a,b 的值，使函数 $f(x)=\begin{cases}x^2, & x\leqslant 1\\ ax+b, & x>1\end{cases}$ 在点 $x=1$ 处连续且可导.

解 因为 $f(x)$ 在点 $x=1$ 处连续，所以

$$\lim_{x\to 1^+}f(x)=\lim_{x\to 1^+}(ax+b)=a+b=f(1)=1.$$

又因为 $f(x)$ 在点 $x=1$ 处可导，所以 $f'(1^-)=f'(1^+)$. 又

$$f'(1^-)=\lim_{x\to 1^-}\frac{f(x)-f(1)}{x-1}=\lim_{x\to 1^-}\frac{x^2-1}{x-1}=2,$$

$$f'(1^+)=\lim_{x\to 1^+}\frac{f(x)-f(1)}{x-1}=\lim_{x\to 1^+}\frac{ax+b-1}{x-1}$$

$$=\lim_{x\to 1^+}\frac{ax-a+a+b-1}{x-1}=\lim_{x\to 1^+}\left[\frac{a(x-1)}{x-1}+\frac{a+b-1}{x-1}\right]=a,$$

所以 $a=2$，$b=-1$.

例4　求曲线 $y=\sin x$ 在点 $P\left(\frac{\pi}{3},\frac{\sqrt{3}}{2}\right)$ 处的切线方程和法线方程.

解　$y'=(\sin x)'=\cos x$.

则所求切线的斜率为

$$k=y'\big|_{x=\frac{\pi}{3}}=(\cos x)\big|_{x=\frac{\pi}{3}}=\frac{1}{2}.$$

所以，所求的切线方程为

$$y-\frac{\sqrt{3}}{2}=\frac{1}{2}\left(x-\frac{\pi}{3}\right),$$

即

$$\frac{1}{2}x-y+\frac{\sqrt{3}}{2}-\frac{\pi}{6}=0;$$

所求的法线方程为

$$y-\frac{\sqrt{3}}{2}=-2\left(x-\frac{\pi}{3}\right),$$

即

$$2x+y-\frac{\sqrt{3}}{2}-\frac{2\pi}{3}=0.$$

◇ 精选习题

一、判断题（正确的在括号里填√，错误的在括号里填×）

1. 假设 $f'(x_0)$ 存在，则 $A=\lim\limits_{h\to 0}\frac{f(x_0+2h)-f(x_0)}{h}=2f'(x_0)$.　(　　)
2. $(x^{\alpha})'=\alpha x^{\alpha-1}$（$\alpha\neq -1$ 为常数).　(　　)
3. 函数 $f(x)=|x-1|$ 在点 $x=1$ 处可导.　(　　)
4. 曲线 $y=x^3$ 在点 $P(1,1)$ 处的法线方程为 $3x-y-2=0$.　(　　)
5. 如果函数 $y=f(x)$ 在点 x_0 处不连续，则函数 $f(x)$ 在点 x_0 不可导.　(　　)

二、填空题

1. 假设 $f'(x_0)=A$，则 $\lim\limits_{h\to 0}\frac{f(x_0+h)-f(x_0-h)}{h}=$__________.

2. 曲线 $y=\cos x$ 在点 $x=\frac{\pi}{4}$ 处的切线方程为__________.

3. $\left(\frac{1}{\sqrt[5]{x^3}}\right)'=$__________.

4. 一个物体从静止状态开始自由落下，经过 t 秒，物体下落的高度为 $h(t)=t^2$，则下落0.5秒时物体的速度和物体下落的高度分别为__________.

5. 分段函数 $f(x)=\begin{cases}2x+1, & x\leqslant 1\\ x+2, & x>1\end{cases}$ 在点 $x=1$ 处的左导数等于__________.

三、选择题

1. 下列结论正确的是（　　）.

A. 物体的运动方程为 $s=s(t)$，则在 t 时刻物体的速度为 $s=s'(t)$

B. 曲线 $y=f(x)$ 在点 x_0 处的切线的斜率为 $y'_0=f'(x_0)$

C. 函数 $y=f(x)$ 在点 x_0 处连续，则 $\lim\limits_{x\to x_0} f(x)=f(x_0)$

D. 函数 $y=f(x)$ 为偶函数，则 $f(x)+f(-x)=0$

2. 设函数 $f(x)$ 在点 x_0 处的导数 $f'(x_0)$ 存在，则下列各式成立的是（　　）.

A. $\lim\limits_{h\to 0}\dfrac{f(x_0+2h)-f(x_0)}{h}=2f'(x_0)$　　B. $\lim\limits_{h\to 0}\dfrac{f(x_0)-f(x_0-h)}{h}=f'(x_0)$

C. $\lim\limits_{n\to\infty} n\left[f\left(x_0+\dfrac{1}{n}\right)-f(x_0)\right]=f'(x_0)$　　D. $\lim\limits_{n\to\infty} n\left[f\left(x_0+\dfrac{1}{n}\right)-f\left(x_0-\dfrac{1}{n}\right)\right]=f'(x_0)$

3. 曲线 $y=\sqrt{x}$ 在点 $x=4$ 处的切线方程和法线方程分别是（　　）.

A. $4x+y+4=0$ 和 $x-4y-18=0$　　B. $4x-y+4=0$ 和 $4x+y-18=0$

C. $x-4y+4=0$ 和 $x+4y-18=0$　　D. $x-4y+4=0$ 和 $4x+y-18=0$

4. 下列结论正确的是（　　）.

A. $\lim\limits_{x\to 1}\dfrac{\sqrt{x}-1}{x-1}=\dfrac{1}{2}$　　B. $(\sqrt[m]{x^n})'=\dfrac{n}{m}x^{\frac{n-m}{m}}$

C. $(\cos x)'=\sin x$　　D. $\left(\dfrac{1}{x}\right)'=-\dfrac{1}{x^2}$

5. 下列函数在指定点处可导的是（　　）.

A. 函数 $f(x)=|x-1|$ 在 $x=1$ 处　　B. 函数 $f(x)=\begin{cases}2x, & x\leqslant 2\\ -x, & x>2\end{cases}$ 在 $x=2$ 处

C. 函数 $f(x)=\begin{cases}x^2, & x<0\\ x^3, & x\geqslant 0\end{cases}$ 在 $x=0$ 处　　D. 函数 $f(x)=1$ 在 $x=1$ 处

四、解答题

1. 用导数定义求下列函数在指定点处的导数.

（1）$y=\log_2 x, x=1$；　　（2）$y=\sqrt[3]{x}, x=1$；

（3）$y=\cos x, x=\dfrac{\pi}{2}$；　　（4）$y=x^3, x=2$.

2. 求下列函数在指定点处的导数.

（1）$y=x^3, x=1$；　　（2）$y=\dfrac{2}{3}x^2, x=2$；

（3）$y=\ln x, x=1$.

3. 求曲线 $y=\sqrt[3]{x^4}$ 在点 $P(8,16)$ 处的切线方程和法线方程.

4. 求曲线 $y=\frac{1}{x^2}$ 在点 $x=\frac{1}{2}$ 处的切线方程和法线方程.

5. 求函数 $y=x^5$ 在点 $x=3$ 处的导数.

6. 一个物体从静止状态开始自由落下，经过 t 秒，物体下落的高度为 $h(t)=10t^4$，求下落 2 秒时物体的速度和物体下落的高度.

7. 讨论函数 $f(x)=\begin{cases}2x+3, & x<1\\ x+4, & x\geqslant 1\end{cases}$ 在点 $x=1$ 处的连续性和可导性.

8. 讨论函数 $f(x)=\begin{cases}4x, & x\leqslant\frac{1}{2}\\ x^2+\frac{7}{4}, & x>\frac{1}{2}\end{cases}$ 在点 $x=\frac{1}{2}$ 处的连续性和可导性.

2.2　求导法则与求导公式

◇ 主要内容

1．求导法则

1）导数的四则运算法则

定理 1　设函数 $u(x), v(x)$(以下简称 u,v)在点 x 处可导，则 $u\pm v$，uv，$\frac{u}{v}(v\neq 0)$ 都在点 x 处可导，且

（1）$(u\pm v)'=u'\pm v'$；

（2）$(uv)'=u'v+uv'$；

（3）$\left(\frac{u}{v}\right)'=\frac{u'v-uv'}{v^2}$.

上述定理的（2）中，当 $v=C$ (C 为常数)时，有

$$(Cu)'=Cu'.$$

2）反函数的求导法则

定理 2　若函数 $x=\varphi(y)$ 在区间 I 内单调可导，且 $\varphi'(y)\neq 0$，则它的反函数 $y=f(x)$ 在对应区间内可导，且

$$f'(x)=\frac{1}{\varphi'(y)} \quad 或 \quad \frac{\mathrm{d}y}{\mathrm{d}x}=\frac{1}{\frac{\mathrm{d}x}{\mathrm{d}y}}.$$

3）复合函数的求导法则

定理 3 设函数 $u=\varphi(x)$ 在点 x 处可导，而函数 $y=f(u)$ 在对应点 u 处可导，则复合函数 $y=f[\varphi(x)]$ 在点 x 处可导，且有

$$y'=f'(u)\cdot\varphi'(x) \quad 或 \quad y'_x=y'_u\cdot u'_x \quad 或 \quad \frac{\mathrm{d}y}{\mathrm{d}x}=\frac{\mathrm{d}y}{\mathrm{d}u}\cdot\frac{\mathrm{d}u}{\mathrm{d}x}.$$

即复合函数 $y=f[\varphi(x)]$ 的导数等于 y 对 u 的导数与 u 对 x 的导数的乘积.

上述法则可推广到多个（有限个）可导函数构成的复合函数的情况. 如设 $y=f(u)$，$u=\varphi(v)$，$v=\phi(x)$，且各自的导数存在，那么

$$y'_x=f'(u)\cdot\varphi'(v)\cdot\phi'(x) \quad 或 \quad y'_x=y'_u\cdot u'_v\cdot v'_x.$$

2. 常用求导公式

（1）$C'=0$；（2）$x'=1$；（3）$\left(\frac{1}{x}\right)'=-\frac{1}{x^2}$；

（4）$(\sqrt{x})'=\frac{1}{2\sqrt{x}}$；（5）$(x^\alpha)'=\alpha x^{\alpha-1}$；（6）$(a^x)'=a^x\ln a$；

（7）$(\mathrm{e}^x)'=\mathrm{e}^x$；（8）$(\log_a x)'=\frac{1}{x\ln a}$；（9）$(\ln x)'=\frac{1}{x}$；

（10）$(\sin x)'=\cos x$；（11）$(\cos x)'=-\sin x$；（12）$(\tan x)'=\sec^2 x$；

（13）$(\cot x)'=-\csc^2 x$；（14）$(\sec x)'=\sec x\tan x$；（15）$(\csc x)'=-\csc x\cot x$；

（16）$(\arcsin x)'=\frac{1}{\sqrt{1-x^2}}$；（17）$(\arccos x)'=-\frac{1}{\sqrt{1-x^2}}$；

（18）$(\arctan x)'=\frac{1}{1+x^2}$；（19）$(\mathrm{arccot}\, x)'=-\frac{1}{1+x^2}$.

◇ 例题解析

例 1 设 $f(x)=ax^3+bx$，当 $x=1$ 时，函数值为 2，导数值为 4，求 a 与 b 的值.

解 $f'(x)=3ax^2+b$.

依题意有 $a+b=2$，$3a+b=4$.

解之得 $a=1,\ b=1$.

例 2 a 与 b 取何值时，才能使曲线 $y=\ln\frac{x}{\mathrm{e}}$ 与曲线 $y=ax^2+bx$ 在点 $x=1$ 处有共同的切线.

解　$y'=\left(\ln\frac{x}{\mathrm{e}}\right)'=\frac{1}{x}$，$y'=(ax^2+bx)'=2ax+b$.

依题意有$\begin{cases}2a+b=1\\a+b=-1\end{cases}$.

解之得 $a=2$，$b=-3$.

例 3　若曲线 $y=x\ln x$ 的切线垂直于直线 $2x-2y+3=0$，求这条曲线的切线方程.

解　直线 $2x-2y+3=0$ 的斜率为 $k=1$，

曲线 $y=x\ln x$ 的斜率为 $y'=(x\ln x)'=\ln x+1$.

依题意有 $\ln x+1=-1$.

解之得 $x=\mathrm{e}^{-2}$.

将 $x=\mathrm{e}^{-2}$ 代入 $y=x\ln x$ 中，得 $y=-2\mathrm{e}^{-2}$.

所以曲线在点 $(\mathrm{e}^{-2},-2\mathrm{e}^{-2})$ 的切线方程为 $y+2\mathrm{e}^{-2}=-(x-\mathrm{e}^{-2})$，

即 $x+y+\mathrm{e}^{-2}=0$.

例 4　求下列函数的导数.

（1）$y=x\sqrt{1-x^2}+\arcsin\sqrt{1-x^2}$；　　（2）$y=\dfrac{1+\sqrt{t}}{1-\sqrt{t}}$.

解（1）$y'=\sqrt{1-x^2}+x\cdot\dfrac{-2x}{2\sqrt{1-x^2}}+\dfrac{1}{\sqrt{1-(\sqrt{1-x^2})^2}}\dfrac{-2x}{2\sqrt{1-x^2}}$

$$=\sqrt{1-x^2}-\frac{x^2}{\sqrt{1-x^2}}-\frac{1}{\sqrt{x^2}}\frac{x}{\sqrt{1-x^2}}$$

$$=\frac{1-2x^2}{\sqrt{1-x^2}}-\frac{x}{|x|\sqrt{1-x^2}}$$

$$=\begin{cases}\dfrac{-2x^2}{\sqrt{1-x^2}}, & 0<x<1\\[2ex]\dfrac{2-2x^2}{\sqrt{1-x^2}}, & -1<x<0\end{cases}.$$

（2）$y'=\dfrac{\dfrac{1}{2\sqrt{t}}(1-\sqrt{t})-(1+\sqrt{t})\left(-\dfrac{1}{2\sqrt{t}}\right)}{(1-\sqrt{t})^2}=\dfrac{1}{\sqrt{t}(1-\sqrt{t})^2}$.

◇ 精选习题

一、判断题（正确的在括号里填√，错误的在括号里填×）

1. $y=\sin\sqrt{x}$，则 $y'=\cos\sqrt{x}$.　　（　　）
2. $(\cos x)'=-\sin x$.　　（　　）

3. 已知 $y=f(u), u=\varphi(v), v=\phi(x)$，且各自的导数存在，那么 $y'_x=f'(u)\cdot\varphi'(v)\cdot\phi'(x)$.（ ）

4. $(3^{x^2+1})'=3^{x^2+1}\cdot 2x$. （ ）

5. $\left(\dfrac{u}{v}\right)'=\dfrac{u'v-uv'}{v^2}$ (u,v 可导, $v\neq 0$). （ ）

二、填空题

1. 已知 $f'(x_0)$ 存在，则 $\lim\limits_{\Delta x\to 0}\dfrac{f(x_0-\Delta x)-f(x_0)}{\Delta x}=$______.

2. 若 $f(u)$ 可导，则 $y=f[\sin(x^2+1)]$ 的导数为______.

3. 若 $y=f(x)$ 在点 $x=0$ 处的导数 $f'(0)=2$，且 $f(0)=0$，则 $\lim\limits_{x\to 0}\dfrac{f(x)}{x}=$______.

4. $f(x)$ 在点 x_0 处可导的充要条件是 $f(x)$ 在点 x_0 处的左导数和右导数______.

5. $f(x)$ 在点 x_0 处可导是 $f(x)$ 在点 x_0 处连续的______条件.

三、选择题

1. 设 $f(x)=\begin{cases}x^2-2x+2, & x>1\\ 1, & x\leqslant 1\end{cases}$，则 $f(x)$ 在点 $x=1$ 处（ ）.

A. 连续　　B. 连续且可导

C. 既不可导又不连续　　D. 可导不连续

2. 函数 $f(x)=|x-1|$ 在点 $x=1$ 处的导数是（ ）.

A. 1　　B. 0　　C. 0　　D. 不存在

3. 下列结论不成立的是（ ）.

A. $y=x^3$ 在点 $x=0$ 处的切线方程是 $y=0$

B. $y=\dfrac{1}{x}$ 在点 $x=1$ 处的法线方程是 $y=x$

C. $y=2$ 在点 $x=1$ 处的导数为 0

D. $y=\sqrt{x}$ 在点 $x=0$ 处可导

4. 下列结论正确的是（ ）.

A. $(x^{m+1})'=(m+1)x^m$　　B. $(\arcsin 2x)'=\dfrac{1}{\sqrt{1-4x^2}}$

C. $(3^{\sqrt{x}})'=3^{\sqrt{x}}\ln 3$　　D. $(\cot x)'=-\csc^2 x$

5. $f(x)=\begin{cases}x+b, & x\geqslant 1\\ ax+3, & x<1\end{cases}$ 在点 $x=1$ 处可导，则 a,b 的值分别为（ ）.

A. $a=1,b=3$　　B. $a=3,b=1$　　C. $a=-3,b=1$　　D. $a=-1,b=3$

四、解答题

1. 求下列各函数的导数.

（1）$y=5x^4-3x^3+2x^2-5x+6$；　　（2）$y=(x^2+1)(3x^2+2)$；

（3）$y=\dfrac{1-2\cos x}{3+\sin x}$；（4）$y=3-\dfrac{3}{x^2}-\dfrac{2}{x^5}$；

（5）$y=\dfrac{3x-2}{2+3x^2}$；（6）$y=\sqrt{x}\operatorname{arccot}x$；

（7）$y=x^2\ln(x-1)+\sin\dfrac{\pi}{7}$；（8）$y=x^2 2^x\cos x$.

2. 已知 $y=2x^3+2x-3$，求 y'，$y'|_{x=2}$.

3. 已知 $f(x)=\dfrac{1-x^2}{\sqrt[3]{x^2}}$，求 $f'(1)$.

4. 求曲线 $y=\log_2 3x$ 在点 $x=2$ 处的切线方程.

5. 求曲线 $y=\cos 2x$ 在点 $P\left(\dfrac{\pi}{8},\dfrac{\sqrt{2}}{2}\right)$ 处的切线方程.

6. 求曲线 $y=2^{3x}$ 在点 $P(0,1)$ 处的切线方程.

7. 求抛物线 $y=2x^2-3x+4$ 在点 $x=1$ 处的切线方程.

8. 在直线轨道上运行的列车从刹车开始到时刻 t 秒，列车前进的距离为 $S(t)=10t-0.2t^2$. 问列车刹车后几秒钟停车？刹车后前进了多少米？

9.（1）求函数 $y=2^{\sqrt{\cos x+2}}$ 的导数.

（2）求函数 $y=\sqrt[3]{\sin^5(2x+5)}$ 的导数.

（3）求 $y=[\ln^4(x^2+2x-3)]$ 的导数.

（4）$y=\sqrt[3]{\sin^4(3x-4)}$ 的导数.

10. 一个物体以一定的初速度竖直上抛，物体抛出 t 秒后，其上升的高度为 $h(t)=\mathrm{e}^{5t-5t^2}$，求经过多少秒物体上升到最高点？物体上升的高度为多少米？

2.3　高阶导数　隐函数和参数方程所确定的函数的导数

◇ 主要内容

1. 高阶导数

若函数 $y=f(x)$ 的导数 $f'(x)$ 在点 x 处的导数存在，则称 $f'(x)$ 在点 x 处的导数为函数 $f(x)$ 在点 x 处的二阶导数，记为

$$y'',\ f''(x),\ \frac{\mathrm{d}^2y}{\mathrm{d}x^2}\text{或}\frac{\mathrm{d}^2f(x)}{\mathrm{d}x^2},$$

即

$$y''=(y')',\quad f''(x)=[f'(x)]',\quad \frac{\mathrm{d}^2y}{\mathrm{d}x^2}=\frac{\mathrm{d}}{\mathrm{d}x}\left(\frac{\mathrm{d}y}{\mathrm{d}x}\right) 或 \frac{\mathrm{d}^2f(x)}{\mathrm{d}x^2}=\frac{\mathrm{d}f'(x)}{\mathrm{d}x}.$$

相应地，把函数 $y=f(x)$ 的导数 $f'(x)$ 称为函数 $y=f(x)$ 的一阶导数.

类似地，如果二阶导数 $f''(x)$ 的导数存在，则称 $f''(x)$ 的导数为函数 $f(x)$ 的**三阶导数**，记为

$$y''',\ f'''(x),\ \frac{\mathrm{d}^3y}{\mathrm{d}x^3} 或 \frac{\mathrm{d}^3f(x)}{\mathrm{d}x^3}.$$

一般地，如果函数 $y=f(x)$ 的 $(n-1)$ 阶导数的导数存在，则称此导数为函数 $y=f(x)$ 的 **n 阶导数**，记为

$$y^{(n)},\ f^{(n)}(x),\ \frac{\mathrm{d}^ny}{\mathrm{d}x^n} 或 \frac{\mathrm{d}^nf(x)}{\mathrm{d}x^n}.$$

二阶及二阶以上的导数统称为**高阶导数**.

下面给出几种常见函数的高阶导数：

$$(\sin x)^{(n)}=\sin\left(x+n\cdot\frac{\pi}{2}\right).$$

$$(\cos x)^{(n)}=\cos\left(x+n\cdot\frac{\pi}{2}\right).$$

$$(\ln x)^{(n)}=(-1)^{(n-1)}(n-1)!x^{-n}.$$

$$(a^x)^{(n)}=a^x\ln^n a.$$

2．隐函数的导数

用解析式表示函数通常有两种表达方式：一种是函数 y 能直接表示成自变量 x 的函数式，这种函数称为显函数；另一种是函数 y 与自变量 x 的函数关系隐含于某一方程之中，即它们的关系由方程 $F(x,y)=0$ 确定，这种函数称为隐函数. 设 $y=f(x)$ 是由方程 $F(x,y)=0$ 所确定的隐函数，在方程 $F(x,y)=0$ 的两边分别对 x 求导，即

$$\frac{\mathrm{d}}{\mathrm{d}x}[F(x,y)]=0,$$

然后解出 $\frac{\mathrm{d}y}{\mathrm{d}x}$.

当显函数 $y=f(x)$ 由几个因子通过乘、除、乘方或开方构成比较复杂的函数时，可先对表达式的两边取对数，化乘、除为加、减，化乘方、开方为乘积，再用隐函数求导数的方法求导数 y'，这种方法称为**对数求导法**.

3．由参数方程所确定的函数的导数

函数关系除了用显式和隐式表示外，还可以用参数方程来表示，如

$$\begin{cases} x=\varphi(t) \\ y=\psi(t) \end{cases} (t\text{ 为参数}).$$

下面给出由参数方程所确定的函数 $y=f(x)$ 的求导公式：

$$\frac{\mathrm{d}y}{\mathrm{d}x}=\frac{\frac{\mathrm{d}y}{\mathrm{d}t}}{\frac{\mathrm{d}x}{\mathrm{d}t}}=\frac{\psi'(t)}{\varphi'(t)}.$$

◇ 例题解析

例 1　求下列函数的二阶导数.

（1） $y=(1+x^2)\arctan x$；　　（2） $y=\ln(x+\sqrt{1+x^2})$；

（3） $y=f(\sin^2 x)$ （$f''(x)$存在）.

解　（1） $y'=(1+x^2)'\arctan x+(1+x^2)(\arctan x)'$

$$=2x\arctan x+(1+x^2)\frac{1}{1+x^2}=2x\arctan x+1.$$

$$y''=(2x)'\arctan x+2x(\arctan x)'+(1)'=2\arctan x+\frac{2x}{1+x^2}.$$

（2） $y'=[\ln(x+\sqrt{1+x^2})]'=\dfrac{1+\dfrac{2x}{2\sqrt{1+x^2}}}{x+\sqrt{1+x^2}}=\dfrac{1}{\sqrt{1+x^2}}$.

$$y''=[(1+x^2)^{-\frac{1}{2}}]'=-\frac{1}{2}(1+x^2)^{-\frac{3}{2}}\cdot 2x=-x(1+x^2)^{-\frac{3}{2}}.$$

（3） $y'=f'(\sin^2 x)(\sin^2 x)'=f'(\sin^2 x)\cdot 2\sin x\cos x=f'(\sin^2 x)\cdot\sin 2x$

$$y''=f''(\sin^2 x)\cdot\sin^2 2x+2f'(\sin^2 x)\cdot\cos 2x.$$

例 2　求 $y=\ln(1+2x)$ 的 n 阶导数.

解　$y'=\dfrac{2}{1+2x}$.

$$y''=2^2(-1)\frac{1}{(1+2x)^2}.$$

$$y'''=2^3(-1)(-2)(1+2x)^{-3}.$$

……

$$y^{(n)}=2^n(-1)^{n-1}(n-1)!(1+2x)^{-n}.$$

例 3　求曲线 $x^3+y^3=3xy$ 在点 $\left(\dfrac{2}{3},\dfrac{4}{3}\right)$ 处的切线方程.

解　方程 $x^3+y^3=3xy$ 两边对 x 求导得

$$3x^2+3y^2y'=3y+3xy'.$$

则
$$y'=\frac{x^2-y}{x-y^2}.$$

所以 $y'\big|_{\left(\frac{2}{3},\frac{4}{3}\right)}=\left.\frac{x^2-y}{x-y^2}\right|_{\left(\frac{2}{3},\frac{4}{3}\right)}=\frac{4}{5}$. 因此所求的切线方程为

$$y-\frac{4}{3}=\frac{4}{5}\left(x-\frac{2}{3}\right).$$

即
$$y=\frac{4}{5}x+\frac{4}{5}.$$

例 4　设一质点的运动轨迹由参数方程 $\begin{cases}x=t-2\sin t\\ y=1-2\cos t\end{cases}$ 给出，求质点在时刻 $t=\frac{\pi}{4}$ 的速度大小.

解　因为质点的速度在水平方向的分量为 $v_1=\left.\frac{\mathrm{d}x}{\mathrm{d}t}\right|_{t=\frac{\pi}{4}}=(1-2\cos t)\big|_{t=\frac{\pi}{4}}=1-\sqrt{2}$；

在垂直方向的分量为 $v_2=\left.\frac{\mathrm{d}y}{\mathrm{d}t}\right|_{t=\frac{\pi}{4}}=(2\sin t)\big|_{t=\frac{\pi}{4}}=\sqrt{2}$.

所以，质点在 $t=\frac{\pi}{4}$ 时的速度大小为 $v=\sqrt{v_1^2+v_2^2}=\sqrt{(1-\sqrt{2})^2+(\sqrt{2})^2}=\sqrt{5-2\sqrt{2}}$.

例 5　求 $y=(x^2+2)\sqrt{\frac{1-2x}{4+3x}}$ 的导数.

解　对函数两边取对数得

$$\ln y=\ln(x^2+2)\sqrt{\frac{1-2x}{4+3x}}.$$

即
$$\ln y=\ln(x^2+2)+\frac{1}{2}[\ln(1-2x)-\ln(4+3x)].$$

两边再对 x 求导得

$$\frac{1}{y}\cdot y'=\frac{2x}{x^2+2}-\frac{1}{1-2x}-\frac{1}{2}\frac{3}{3x+4}.$$

所以
$$y'=(x^2+2)\sqrt{\frac{1-2x}{4+3x}}\left(\frac{2x}{x^2+2}+\frac{1}{2x-1}-\frac{3}{6x+8}\right).$$

例 6　求 $y=(\sin 2x)^{\cos 3x}$ 的导数.

解　对函数两端取对数得

$$\ln y=\ln(\sin 2x)^{\cos 3x}.$$

即
$$\ln y=\cos 3x\ln(\sin 2x).$$

两边再对 x 求导得

$$\frac{1}{y}\cdot y' = -3\sin 3x\ln(\sin 2x) + \cos 3x\cdot\frac{\cos 2x}{\sin 2x}\cdot 2 .$$

所以
$$y' = (\sin 2x)^{\cos 3x}[-3\sin 3x\ln(\sin 2x) + 2\cos 3x\cdot\cot 2x] .$$

◇ 精选习题

一、判断题（正确的在括号里填√，错误的在括号里填×）

1．$(x^n)^{(n)} = n!$.　　（　　）

2．$(x^x)' = x^x\cdot\ln x$.　　（　　）

3．$(\sin x)^{(n)} = \sin\left(x+\frac{n\pi}{2}\right)$.　　（　　）

4．若 $x^2+y^2=r^2$，则 $\frac{\mathrm{d}y}{\mathrm{d}x} = -2x$.　　（　　）

5．若 $\begin{cases} x=\varphi(t) \\ y=\phi(t) \end{cases}, (\alpha\leqslant t\leqslant\beta)$，则 $\frac{\mathrm{d}y}{\mathrm{d}x} = \frac{\frac{\mathrm{d}y}{\mathrm{d}t}}{\frac{\mathrm{d}x}{\mathrm{d}t}}$.　　（　　）

二、填空题

1．$(x^5)^{(4)} =$ ________.

2．$(5^x)^{(n)} =$ ____________.

3．$[(\sin x)^x]' =$ ____________.

4．设 $y = y(x)$ 由方程 $y = 1-\ln(x+y)+\mathrm{e}^y$ 所确定，则 $y' =$ ____________.

5．$\begin{cases} x=t \\ y=t \end{cases}, (0\leqslant t\leqslant 1)$，则 $\frac{\mathrm{d}y}{\mathrm{d}x} =$ __________.

三、选择题

1．下列结论正确的是（　　）.

A．$(x^3)^{(4)} = 0$　　B．$(a^x)^{(n)} = (\ln a)^n\cdot a^x$

C．$(\mathrm{e}^x)^{(n)} = \mathrm{e}^x$　　D．$(\cos x)^{(n)} = \cos\left(x+\frac{n\pi}{2}\right)$

2．设曲线方程为 $\mathrm{e}^{xy}-2x-y=3$，则曲线在纵坐标 $y=0$ 的点处的切线方程为（　　）.

A．$x-y-1=0$　　B．$x+y+1=0$

C．$x+y-1=0$　　D．$x-y+1=0$

3．已知 $f(a) = \sin(ax^2)$，则 $f'(x) =$（　　）.

A．$\cos(ax^2)$　　B．$2a^2\cos(ax^2)$　　C．$x^2\cos x^3$　　D．$a^2\cos a^3$

4．下列结果正确的是（　　）.

A. $y=x^x$，则 $y'=x^x(\ln x+1)$

B. $y=\frac{1}{2}+xe^y$，则 $y'=e^y+xe^y$

C. $y=\ln\left|x+\sqrt{1-x^2}\right|$，则$y'=\frac{1}{\sqrt{1-x^2}}$

D. $(3x^3)'''=3!$

5. 曲线$\begin{cases}x=\arctan t\\ y=\ln(1+t^2)\end{cases}$的导数为（　　）.

A. $\frac{1}{1+t^2}$　　B. $\frac{t}{1+t^2}$　　C. t　　D. $2t$

四、解答题

1. 求下列函数的高阶导数.

（1）$y=\ln(5x+1)$，求 y''；

（2）$y=2^{1+x^2}$，求 y'''；

（3）$y=\frac{1}{1+x^2}$，求 y'''；

（4）$y=e^{3x}\cos 2x$，求 y''；

（5）$y=5^x$，求 $y^{(n)}$；

（6）$y=x^{n+2}$，求 $y^{(n)}$；

（7）$y=\cos^2 x$，求 $y^{(n)}$；

（8）$y=\frac{1+x}{1-x}$，求 $y^{(n)}$.

2. 求由下列方程所确定的隐函数的导数 $\frac{dy}{dx}$.

（1）$3x^2+2y^2=1$；

（2）$e^y+xy+e^x=3$；

（3）$\ln 2y-x^2y+e^x=0$；

（4）$x^4-3x^2y+y^5=1$；

（5）$x^2y-ye^x+e^y=0$；

（6）$\ln(x^2+y)=y\sin x$；

（7）$x-y=e^{x-y}$.

3. 求下列曲线在指定点的切线方程和法线方程.

（1）$xy^2+e^y=1$在点$(0,0)$处；

（2）$2x^2-3y^2=9$在点$x=3$处；

（3）$y\sqrt{x}+x\sqrt{y}=2$ 在点 $x=1$ 处；

（4）$\begin{cases}x=\sin 2t\\ y=\cos t\end{cases}$在$t=\frac{\pi}{4}$处；

（5）$y^3+2\ln y=x^5$在点$(-1,1)$处.

4. 用对数求导法求下列函数的导数.

（1）$y=\sqrt[7]{\frac{(x-1)^3(x-2)}{(2x-3)^2(x+3)^4}}$；

（2）$y=(3x)^{\sin 2x}$；

（3）$y=(\sqrt{x})^{\sqrt{x}}$；

（4）$y=\frac{(2x+1)^3\sqrt{3x-2}}{e^{2x}(3x+2)}$；

（5）$y=(\cos 3x)^{\sin 2x}$　$(\cos 3x>0)$；

（6）$y=\frac{(x-5)\sqrt[3]{3x-2}}{\sqrt{x+1}}$；

（7）$y=(1+\sqrt{x})(2+\sqrt{2x})(3+\sqrt{3x})$；

（8）$y=\sqrt[3]{\frac{x^2(x+1)}{(x+2)(x+3)}}$.

5. 求由下列参数方程所确定的函数 $y=f(x)$ 的导数 $\frac{dy}{dx}$.

（1）$\begin{cases} x = t - 2t^2 \\ y = 1 - t^2 \end{cases}$；　　（2）$\begin{cases} x = 5\cos t \\ y = 4\sin t \end{cases} (0 \leqslant t < 2\pi)$；

（3）$\begin{cases} x = \sqrt{1-t^2} \\ y = \sqrt{1-t} \end{cases} (0 < t < 1)$；　　（4）$\begin{cases} x = 2t \\ y = t + \cos t \end{cases}$；

（5）$\begin{cases} x = \mathrm{e}^{2t}\cos t \\ y = \mathrm{e}^{2t}\sin t \end{cases}$；　　（6）$\begin{cases} x = 2t - t^2, \\ y = 3t - t^3; \end{cases}$；

（7）$\begin{cases} x = t\ln t \\ y = \mathrm{e}^t \end{cases}$；　　（8）$\begin{cases} x = 1 - 2t^2 \\ y = t - 3t^3 \end{cases}$；

（9）$\begin{cases} x = \cos^3 t \\ y = \sin^3 t \end{cases}$；　　（10）$\begin{cases} x = 3(t + \sin t) \\ y = 4(2 - \cos t) \end{cases}$.

2.4　函数的微分

◇ 主要内容

1. 微分的概念

定义　设函数 $y = f(x)$ 在点 x_0 处可导，则称 $f'(x_0)\Delta x$ 为函数 $y = f(x)$ 在点 x_0 处的**微分**，记为 $\mathrm{d}y\big|_{x=x_0}$，即

$$\mathrm{d}y\big|_{x=x_0} = f'(x_0)\Delta x.$$

此时，称函数 $y = f(x)$ 在点 x_0 处**可微**.

若函数 $y = f(x)$ 在某区间内每一点都可微，则称函数 $y = f(x)$ 在此区间内可微，函数 $y = f(x)$ 在区间内任一点的微分记作 $\mathrm{d}y$ 或 $\mathrm{d}f(x)$，即

$$\mathrm{d}y = f'(x)\Delta x.$$

特别地，若 $y = x$，则 $\mathrm{d}y = \mathrm{d}x$. 又 $\mathrm{d}y = x'\Delta x = \Delta x$，所以 $\mathrm{d}x = \Delta x$. 也就是说，自变量的微分等于自变量的增量. 因此

$$\mathrm{d}y = f'(x)\mathrm{d}x.$$

把上式变形得到 $f'(x) = \dfrac{\mathrm{d}y}{\mathrm{d}x}$，故原来作为整体出现的导数符号 $\dfrac{\mathrm{d}y}{\mathrm{d}x}$ 可看成函数的微分 $\mathrm{d}y$ 与自变量的微分 $\mathrm{d}x$ 之商，因此导数也称**微商**.

导数和微分是密切相关的，可导函数一定可微，可微函数也一定可导.

2．微分公式与运算法则

1）微分公式

（1）$d(C)=0$；

（2）$d(x^n)=nx^{n-1}dx$；

（3）$d(a^x)=a^x\ln a dx$；

（4）$d(e^x)=e^x dx$；

（5）$d(\log_a x)=\dfrac{1}{x\ln a}dx$；

（6）$d(\ln x)=\dfrac{1}{x}dx$；

（7）$d(\sin x)=\cos x dx$；

（8）$d(\cos x)=-\sin x dx$；

（9）$d(\tan x)=\sec^2 x dx$；

（10）$d(\cot x)=-\csc^2 x dx$；

（11）$d(\sec x)=\sec x\tan x dx$；

（12）$d(\csc x)=-\csc x\cot x dx$；

（13）$d(\arcsin x)=\dfrac{1}{\sqrt{1-x^2}}dx$；

（14）$d(\arccos x)=-\dfrac{1}{\sqrt{1-x^2}}dx$；

（15）$d(\arctan x)=\dfrac{1}{1+x^2}dx$；

（16）$d(\text{arccot} x)=-\dfrac{1}{1+x^2}dx$.

2）微分的四则运算法则

设函数 $u=u(x),v=v(x)$ 均可微，则

（1）$d(u\pm v)=du\pm dv$；

（2）$d(Cu)=Cdu$；

（3）$d(uv)=vdu+udv$；

（4）$d\left(\dfrac{u}{v}\right)=\dfrac{vdu-udv}{v^2}\ (v\neq 0)$.

3）复合函数的微分法则

设函数 $y=f(u)$ 和 $u=\varphi(x)$ 都可导，则复合函数 $y=f[\varphi(x)]$ 的微分为

$$dy=y'_x dx=f'(u)\varphi'(x)dx.$$

又因为 $u=\varphi(x)$，有 $du=\varphi'(x)dx$，所以复合函数 $y=f[\varphi(x)]$ 的微分又可写为

$$dy=f'(u)du \quad 或 \quad dy=y'_u du.$$

由此可知，不论 u 是中间变量还是自变量，微分形式 $dy=f'(u)du$ 均不变. 这一性质称为一阶**微分形式的不变性**.

3．微分的几何意义及近似计算

如果函数可微（可导），则曲线在点 M 处的切线存在，当横坐标 x 有增量 Δx 时，该切线上相应点处的纵坐标的增量就是微分 $dy=f'(x)\Delta x$. 如图 2.5-1 所示.

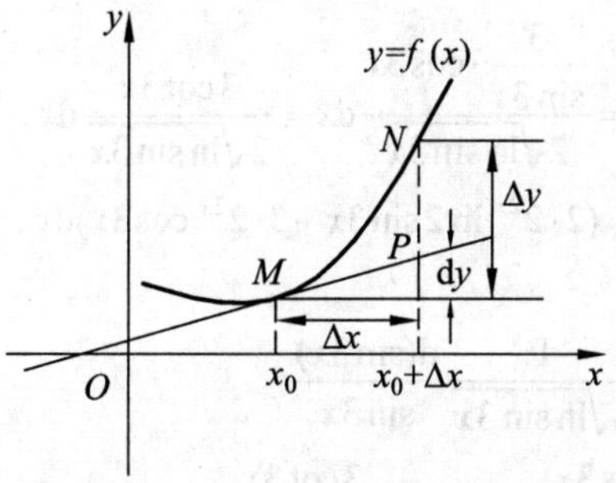

图 2.5-1　微分的几何意义

当 Δx 越来越小，小到可以忽略不计时，有

$$\Delta y = f(x_0 + \Delta x) - f(x_0) \approx \mathrm{d}y = f'(x_0)\Delta x .$$

微分在近似计算中的应用有下面两种情况：

（1）计算函数值的近似值：

$$f(x_0 + \Delta x) \approx f(x_0) + f'(x_0)\Delta x\ (\Delta x \text{ 较小});$$

（2）计算函数增量的近似值：

$$\Delta y \approx f'(x_0)\Delta x\ (\Delta x \text{ 较小}).$$

可以证明，当 x 很小时，有：

（1）$e^x \approx 1 + x$；　　（2）$\ln(1+x) \approx x$；

（3）$\sin x \approx x$（x 的单位为弧度）；　　（4）$\tan x \approx x$（x 的单位为弧度）；

（5）$\sqrt[n]{1+x} \approx 1 + \dfrac{x}{n}$；　　（6）$\arcsin x \approx x$；

（7）$(1+x)^a \approx 1 + ax\ (a > 0)$.

工程上常用这些公式进行近似计算.

◇ 例题解析

例 1　半径为 10 cm 的金属球加热后，半径增加了 0.05 cm，问体积大约增加了多少？

解　设球的体积为 V，半径为 r，则

$$V = \frac{4}{3}\pi r^3 .$$

所以

$$V' = 4\pi r^2 .$$

则球的体积 V 大约增加了

$$\Delta V \approx 4\pi r^2 \Delta r = 4\pi \times 10^2 \times 0.05 = 20\pi\ (\text{cm}^3).$$

例 2　求下列函数的微分.

（1）$y = \sqrt{\ln \sin 3x}$；　　（2）$y = 2^{2x}\sin 3x$.

解　（解法一）

（1） $dy=(\sqrt{\ln\sin 3x})'dx=\dfrac{\dfrac{3}{\sin 3x}\cdot\cos 3x}{2\sqrt{\ln\sin 3x}}dx=\dfrac{3\cot 3x}{2\sqrt{\ln\sin 3x}}dx$.

（2） $dy=(2^{2x}\sin 3x)'dx=(2\cdot 2^{2x}\ln 2\sin 3x+3\cdot 2^{2x}\cos 3x)dx$.

（解法二）

（1） $dy=\dfrac{d(\ln\sin 3x)}{2\sqrt{\ln\sin 3x}}=\dfrac{1}{2\sqrt{\ln\sin 3x}}\dfrac{d(\sin 3x)}{\sin 3x}$

$=\dfrac{1}{2\sqrt{\ln\sin 3x}}\cdot\dfrac{\cos 3x}{\sin 3x}\cdot d(3x)=\dfrac{3\cot 3x}{2\sqrt{\ln\sin 3x}}dx$.

（2） $dy=\sin 3x d(2^{2x})+2^{2x}d(\sin 3x)$

$=(2\cdot 2^{2x}\ln 2\sin 3x+3\cdot 2^{2x}\cos 3x)dx$.

例 3 近似计算：（1） $\sqrt{25.4}$ ；（2） $\sqrt[3]{64.5}$.

解 （1）设函数 $f(x)=\sqrt{x}$ ，则 $f'(x)=\dfrac{1}{2\sqrt{x}}$. 这里取 $x_0=25,\ \Delta x=0.4$ ，这用公式：

$$f(x_0+\Delta x)\approx f(x_0)+f'(x_0)\Delta x$$

得
$$\sqrt{25.4}\approx\sqrt{25}+\frac{1}{2\sqrt{25}}\times 0.4=5.04 .$$

（2）由近似公式：

$$\sqrt[n]{1+x}\approx 1+\frac{x}{n}$$

得
$$\sqrt[3]{64.5}=\sqrt[3]{64\left(1+\frac{1}{128}\right)}=4\sqrt[3]{1+\frac{1}{128}}\approx 4\left(1+\frac{1}{3}\times\frac{1}{128}\right)\approx 4.01 .$$

◇ 精选习题

一、判断题（正确的在括号里里填√，错误的在括号里填×）

1. 若 $y=f(x)$ 在点 x_0 处可导，则 $dy\big|_{x=x_0}=f'(x_0)dx$. （　　）
2. 可导函数一定可微，可微函数也一定可导. （　　）
3. $d(\cot 2x)=-\csc^2 x d2x$. （　　）
4. $d(x+C)=dx$. （　　）
5. $d[\sqrt{\sin(x^2+1)}]=\dfrac{\cos(x^2+1)}{2\sqrt{\sin(x^2+1)}}d(x^2+1)$. （　　）

二、填空题

1. $(x^2+1)dx=d$ ________.
2. 函数 $y=x^2+x$ 在点 $x=2,\Delta x=0.01$ 时的增量 $\Delta y=$ ______，微分 $dy=$ ______.
3. 设 $xy^2+y=2$ ，则 $dy\big|_{x=0,\Delta x=0.1}=$ ____________.
4. 设 $y=3^x\cos x$ ，则 $dy=$ ________________.

5. $\mathrm{d}[f(\varphi(x))]=$________________.

三、选择题

1. 函数u,v可微，则下列结论正确的是（　　）.

A. $\mathrm{d}(u+v)=\mathrm{d}u+\mathrm{d}v$　　B. $\mathrm{d}(uv)=v\mathrm{d}u+u\mathrm{d}v$

C. $\mathrm{d}(3u)=3\mathrm{d}(u-3)$　　D. $\mathrm{d}C=0$

2. 下列结论错误的是（　　）.

A. $\mathrm{e}^x\mathrm{d}x=\mathrm{d}(\mathrm{e}^x+C)$　　B. $\sin x\mathrm{d}x=\mathrm{d}(\cos x+C)$

C. $\tan^2 x\mathrm{d}x=\mathrm{d}(\sec x+C)$　　D. $\mathrm{d}x=\frac{1}{a}\mathrm{d}(ax+b)$

3. 若 $y=2^{\cos 3x}$，下列结论错误的是（　　）.

A. $\mathrm{d}y=2^{\cos 3x}\cdot\ln 2\cdot\mathrm{d}x$　　B. $\mathrm{d}y=-2^{\cos 3x}\cdot\ln 2\cdot\sin 3x\cdot\mathrm{d}x$

C. $\mathrm{d}y=2^{\cos 3x}\cdot\ln 2\cdot\mathrm{d}(\cos 3x)$　　D. $\mathrm{d}y=(2^{\cos 3x})'\cdot\mathrm{d}x$

4. 当$|x|$很小时，下列近似计算公式成立的是（　　）.

A. $\sqrt[n]{1+x}\approx 1+\frac{x}{n}$　　B. $\mathrm{e}^x=1+x$

C. $\ln(1+x)\approx x$　　D. $\sin x\approx x$（x 的单位是弧度）

5. 若等式 d________ $=-2x\mathrm{e}^{-x^2}\mathrm{d}x$ 成立，那么应填入的函数是（　　）.

A. $-2x\mathrm{e}^{-x^2}+C$　　B. $\mathrm{e}^{-x^2}+C$　　C. $-\mathrm{e}^{x^2}+C$　　D. $2x\mathrm{e}^{-x^2}+C$

四、解答题

1. 填空题.

（1）$\mathrm{d}(\quad)=4x^2\mathrm{d}x$；　　（2）$\mathrm{d}(\quad)=\frac{\mathrm{d}x}{3\sqrt{x}}$；

（3）$3\mathrm{d}(\quad)=2\mathrm{e}^{2x}\mathrm{d}x$；　　（4）$3\mathrm{d}(\quad)=\sin 2x\mathrm{d}x$；

（5）$\mathrm{d}(\quad)=\frac{2x}{1+x^2}\mathrm{d}x$；　　（6）$\mathrm{d}(\quad)=\frac{x}{\sqrt{1-x^2}}\mathrm{d}x$.

2. 要制造内棱为 100 cm，厚度为 0.05 cm 的正方体盒子，估计需要多少立方厘米的材料?

3. 求函数 $y=x^3+2$ 在 $x=1$，$\Delta x=-0.02$ 时的增量及微分.

4. 求下列微分.

（1）$y=3x^4, \mathrm{d}y|_{x=2}$；　　（2）$y=\cos 2x^3, \mathrm{d}y|_{x=2, \Delta x=0.1}$.

5. 求下列函数的微分.

（1）$y=\mathrm{e}^{2x}+\sin 3x+2$；　　（2）$y=\ln(3x^2-2x)$；

（3）$y=\frac{x}{x^3-1}$；　　（4）$y=\mathrm{e}^{-3x}\cos(1-2x)$.

6. 利用微分求近似值.

（1）$\sin 91°$；　　（2）$\ln 1.998$；　　（3）$\mathrm{e}^{0.005}$；

（4）$\sqrt{998}$；　　（5）$\sqrt[5]{1.05}$；　　（6）2.05^5.

第 3 章
导数的应用

3.1　微分中值定理　洛必达法则

3.2　函数的单调性与极值

3.3　函数的最大值与最小值

3.4　曲线的凹凸性与拐点　简单函数图形的描绘

3.1　微分中值定理　洛必达法则

◇ 主要内容

1. 微分中值定理

定理 1（罗尔定理） 若函数 $y=f(x)$ 满足：

（1）在闭区间 $[a,b]$ 上连续；

（2）在开区间 (a,b) 内可导；

（3）$f(a)=f(b)$，

则至少存在一点 $\xi\in(a,b)$，使得 $f'(\xi)=0$.

定理 2（拉格朗日中值定理） 若函数 $y=f(x)$ 满足：

（1）在闭区间 $[a,b]$ 上连续；

（2）在开区间 (a,b) 内可导，

则至少存在一点 $\xi\in(a,b)$，使得

$$f'(\xi)=\frac{f(b)-f(a)}{b-a}.$$

显然，罗尔定理是拉格朗日中值定理 $f(a)=f(b)$ 时的特殊情形.

推论 1 如果函数 $y=f(x)$ 在区间 (a,b) 内任意一点的导数 $f'(x)\equiv 0$，则函数 $f(x)$ 在区间 (a,b) 内恒为一个常数.

推论 2 如果在区间 (a,b) 内恒有 $f'(x)=g'(x)$，则在区间 (a,b) 内恒有 $f(x)=g(x)+C$.

2. 洛必达法则

1）$\frac{0}{0}$ 或 $\frac{\infty}{\infty}$ 型未定式

定理 3 如果函数 $f(x)$ 与 $g(x)$ 满足：

（1）$\lim\limits_{x\to x_0}f(x)=\lim\limits_{x\to x_0}g(x)=0$（或 $\lim\limits_{x\to x_0}f(x)=\lim\limits_{x\to x_0}g(x)=\infty$）；

（2）在点 x_0 的某个去心邻域内可导，且 $g'(x)\neq 0$；

（3）$\lim\limits_{x\to x_0}\frac{f'(x)}{g'(x)}=A$（或 ∞），

则 $\lim\limits_{x\to x_0}\frac{f(x)}{g(x)}=\lim\limits_{x\to x_0}\frac{f'(x)}{g'(x)}=A$（或 ∞）.

注意 对定理 3 有两点说明：

（1）在洛必达法则中，将 $x \to x_0$ 改为 $x \to \infty$ 或其他极限过程时，结论同样成立.

（2）使用一次洛必达法则后，如果极限仍是 $\frac{0}{0}$ 或 $\frac{\infty}{\infty}$ 型未定式，且 $f'(x)$ 与 $g'(x)$ 依然满足定理 3 的条件，则可继续使用洛必达法则，即

$$\lim_{x \to x_0} \frac{f(x)}{g(x)} = \lim_{x \to x_0} \frac{f'(x)}{g'(x)} = \lim_{x \to x_0} \frac{f''(x)}{g''(x)} = \cdots.$$

2）其他类型的未定式

除了 $\frac{0}{0}$ 和 $\frac{\infty}{\infty}$ 型两种基本未定式外，还有 $0 \cdot \infty, \infty - \infty, 0^0, 1^\infty, \infty^0$ 型未定式，它们都可以经过适当变形，化为 $\frac{0}{0}$ 型或 $\frac{\infty}{\infty}$ 型未定式后，再应用洛必达法则.

◇ 例题解析

例 1 验证函数 $f(x) = x^3 + x^2 - 2x + 3$ 在闭区间 $[-2,1]$ 上满足罗尔定理，并求出定理中的 ξ.

解 由初等函数的连续性可知，函数 $f(x) = x^3 + x^2 - 2x + 3$ 在 $[-2,1]$ 上连续，又 $f'(x) = 3x^2 + 2x - 2$ 在 $(-2,1)$ 内是可导的，且 $f(-2) = f(1) = 3$，所以 $f(x)$ 在 $[-2,1]$ 上满足罗尔定理的三个条件. 因此，至少存在一点 $\xi \in (-2,1)$，使得 $f'(\xi) = 0$.

令 $f'(x) = 0$，即

$$f'(x) = 3x^2 + 2x - 2 = 0,$$

解得 $x_1 = \frac{-1-\sqrt{7}}{3} \in (-2,1)$，$x_2 = \frac{-1+\sqrt{7}}{3} \in (-2,1)$. 所以 $\xi_1 = \frac{-1-\sqrt{7}}{3}$，$\xi_2 = \frac{-1+\sqrt{7}}{3}$ 都满足定理中的条件.

例 2 设函数 $f(x) = 2x^2 - 3x + 4, x \in [2,4]$，求使拉格朗日中值公式成立的 ξ 值.

解 函数 $f(x) = 2x^2 - 3x + 4$ 在 $[2,4]$ 上连续，$f'(x) = 4x - 3$ 在 $(2,4)$ 内可导，所以 $f(x)$ 在 $[2,4]$ 上满足拉格朗日中值定理的条件. 又 $f(2) = 6, f(4) = 24$，代入拉格朗日中值公式，得

$$4\xi - 3 = \frac{24-6}{4-2}.$$

解得 $\xi = 3$.

例 3 求 $\lim\limits_{x \to 1} \frac{\sin 2(x-1)}{x^2 + 2x - 3}$.

解 这是 $\frac{0}{0}$ 型未定式，由洛必达法则得

$$\lim_{x \to 1} \frac{\sin 2(x-1)}{x^2 + 2x - 3} = \lim_{x \to 1} \frac{(\sin 2(x-1))'}{(x^2 + 2x - 3)'} = \lim_{x \to 1} \frac{2\cos 2(x-1)}{2x + 2} = \lim_{x \to 1} \frac{\cos 2(x-1)}{x + 1} = \frac{1}{2}.$$

例 4　求 $\lim\limits_{x\to 0}\left(\dfrac{1}{x}-\dfrac{1}{\sin x}\right)$.

解　这是 $\infty-\infty$ 型未定式，通分化为 $\dfrac{0}{0}$ 型未定式，再应用洛必达法则.

$$\lim_{x\to 0}\left(\frac{1}{x}-\frac{1}{\sin x}\right)=\lim_{x\to 0}\frac{\sin x-x}{x\sin x}=\lim_{x\to 0}\frac{\cos x-1}{\sin x+x\cos x}=\lim_{x\to 0}\frac{-\sin x}{\cos x+\cos x-x\sin x}=0 .$$

例 5　求 $\lim\limits_{x\to 0^+}\ln x\cdot\ln(1+x)$.

解　这是 $0\cdot\infty$ 型未定式，化为 $\dfrac{0}{0}$ 型未定式，再应用洛必达法则.

$$\lim_{x\to 0^+}\frac{\ln(1+x)}{\dfrac{1}{\ln x}}=-\lim_{x\to 0^+}\frac{\dfrac{1}{1+x}}{-\dfrac{1}{\ln^2 x}\cdot\dfrac{1}{x}}=-\lim_{x\to 0^+}\frac{x\cdot\ln^2 x}{1+x}=-\lim_{x\to 0^+}\frac{1}{1+x}\cdot\lim_{x\to 0^+}x\cdot\ln^2 x .$$

而

$$\lim_{x\to 0^+}x\cdot\ln^2 x=\lim_{x\to 0^+}\frac{\ln^2 x}{\dfrac{1}{x}}=\lim_{x\to 0}\frac{2\ln x\cdot\dfrac{1}{x}}{-\dfrac{1}{x^2}}=-2\lim_{x\to 0^+}x\cdot\ln x$$

$$=-2\lim_{x\to 0^+}\frac{\ln x}{\dfrac{1}{x}}=-2\lim_{x\to 0^+}\frac{\dfrac{1}{x}}{-\dfrac{1}{x^2}}=2\lim_{x\to 0^+}x=0 ,$$

所以

$$\lim_{x\to 0^+}\ln x\cdot\ln(1+x)=0 .$$

◇ 精选习题

一、判断题（正确的在括号里填√，错误的在括号里填×）

1. 函数 $f(x)=x^3+4x^2-7x-10$ 在闭区间 $[-2,1]$ 上满足罗尔定理的条件.　(　　)
2. 函数 $f(x)=\sin x$ 在 $\left[0,\dfrac{\pi}{2}\right]$ 上满足拉格朗日中值定理的条件.　(　　)
3. 若在区间 (a,b) 内恒有 $f'(x)\equiv 0$，则在区间 (a,b) 内函数 $f(x)$ 恒为一个常数.　(　　)
4. 用洛必达法则一定可求出 $\dfrac{0}{0}$ 和 $\dfrac{\infty}{\infty}$ 型两种基本未定式的极限.　(　　)
5. $\lim\limits_{x\to\frac{\pi}{2}}\dfrac{\sin x}{x}=\lim\limits_{x\to\frac{\pi}{2}}\dfrac{\cos x}{1}=0$.　(　　)

二、填空题

1. 函数 $y=\dfrac{1}{1+x^2}$ 在区间 $[-1,1]$ 上满足罗尔定理条件的 $\xi=$________.
2. 函数 $y=2x^2-x+1$ 在区间 $[1,2]$ 上满足拉格朗日中值定理条件的 $\xi=$________.

3. $\lim\limits_{x\to 0^+} x\cdot\ln x =$ ____________.

4. $\lim\limits_{x\to 0}\dfrac{e^x - e^{-x}}{\sin x} =$ ____________.

5. 若函数 $y=f(x)$ 在闭区间 $[a,b]$ 上的每一点都可导，则至少存在一点 $\xi\in(a,b)$，使得 $f'(\xi)(b-a)=f(b)-f(a)$.

三、选择题

1. 下列结论正确的是（　　）.

A. $f(x)=x^2$ 在区间 $[1,3]$ 上，不存在 ξ，使 $f'(\xi)=0$

B. $f(x)=x^3$ 在区间 $[-1,1]$ 上，存在一点 ξ，使 $f'(\xi)=0$

C. $f(x)=x^2$ 在区间 $[1,3]$ 上，至少存在一点 ξ，使 $f'(\xi)=4$

D. $f(x)=x^3$ 在区间 $[1,3]$ 上，不存在 ξ，使 $f'(\xi)=1$

2. 下列结论正确的是（　　）.

A. $\lim\limits_{x\to 0}\dfrac{\sin x}{x}=1$　　B. $\lim\limits_{x\to\infty}\dfrac{\sin x}{x}=0$

C. $\lim\limits_{x\to\frac{\pi}{2}}\dfrac{\sin x}{x}=1$　　D. $\lim\limits_{x\to\pi}\dfrac{\cos x}{x}=0$

3. $\lim\limits_{x\to\infty}\dfrac{x-\sin x}{x+\sin x}=$（　　）.

A. -1　　B. 1　　C. 0　　D. 不存在

4. 下列极限可利用罗比达法则的是（　　）.

A. $\lim\limits_{x\to\infty}\dfrac{\ln(1+x^2)}{x^3-x}$　　B. $\lim\limits_{x\to\infty}\dfrac{1-\sin x}{x}$　　C. $\lim\limits_{x\to 0}\dfrac{e^x+1}{e^x-1}$　　D. $\lim\limits_{x\to\infty}\dfrac{x-\sin 2x}{\sin x}$

5. 下列函数中，在区间 $[1,e]$ 上满足拉格朗日中值定理条件的是（　　）.

A. $\ln\ln x$　　B. $\ln x$　　C. $\dfrac{1}{\ln x}$　　D. $\ln(2-x)$

四、解答题

1. 若 $f(x)=2x^2-4x+5$, $x\in[-1,3]$，求满足拉格朗日中值定理中的 ξ.

2. 用拉格朗日中值定理证明：如果函数 $y=f(x)$ 在区间 (a,b) 内任意一点处的导数 $f'(x)\equiv 0$，则函数 $f(x)$ 在区间 (a,b) 内恒为一个常数.

3. 曲线 $y=x^3-x+1$ 上哪一点的切线与连接曲线上的点(0,1)和(2,7)的割线平行？

4. 求下列函数的极限.

（1）$\lim\limits_{x\to+\infty}\dfrac{\ln x}{\sqrt{x}}$；　　（2）$\lim\limits_{x\to\frac{\pi}{2}}\dfrac{1-\sin x}{2x-\pi}$；　　（3）$\lim\limits_{x\to 1}(2x-1)^{\frac{1}{1-x}}$.

5. 验证下列函数是否满足罗尔定理的条件，若满足，求定理中的 ξ.

（1）$f(x)=x^2-5x+11$，$x\in[2,3]$；　　（2）$f(x)=\left|2x-1\right|$，$x\in\left[-\dfrac{1}{2},\dfrac{3}{2}\right]$.

6. 验证下列函数是否满足拉格朗日中值定理的条件，若满足，求定理中的 ξ.

（1）$f(x)=\cos x$，$x\in\left[0,\dfrac{\pi}{2}\right]$；（2）$f(x)=x^2+2x$，$x\in[-1,3]$.

7. 求下列极限.

（1）$\lim\limits_{x\to 2}\dfrac{\ln(3-x)}{x-2}$；（2）$\lim\limits_{x\to 0}\dfrac{e^{2x}-e^{-2x}}{x}$；

（3）$\lim\limits_{x\to 1}\dfrac{x^3-3x+2}{x^3-2x^2-x+2}$；（4）$\lim\limits_{x\to 0}\dfrac{\sin 2x-x}{x^3}$；

（5）$\lim\limits_{x\to\frac{\pi}{4}}\dfrac{\ln\sin\left(x+\dfrac{\pi}{4}\right)}{\left(x-\dfrac{\pi}{4}\right)^2}$；（6）$\lim\limits_{x\to 0^+}x^{2x}$.

3.2 函数的单调性与极值

◇ 主要内容

1．函数单调性的判断

定理 1（函数单调性的判定定理） 设函数 $y=f(x)$ 在 $[a,b]$ 上连续，在 (a,b) 内可导，

（1）当 $x\in(a,b)$ 时，$f'(x)>0$，则函数 $y=f(x)$ 在 $[a,b]$ 上单调增加；

（2）当 $x\in(a,b)$ 时，$f'(x)<0$，则函数 $y=f(x)$ 在 $[a,b]$ 上单调减少.

注意：（1）定理 1 中的闭区间 $[a,b]$ 换成其他各种区间（开区间、半开半闭区间、无穷区间），结论都成立.

（2）$x\in(a,b)$，如果 $f'(x)\geqslant 0$（或 $f'(x)\leqslant 0$），且等号仅在个别点处成立，结论仍成立.

（3）导数 $f'(x_0)=0$ 的点 x_0 叫做函数 $y=f(x)$ 的**驻点**.

一般来说，驻点和导数不存在的点，可能是函数的单调区间的分界点，所以求函数 $y=f(x)$ 的单调区间的一般步骤为：

（1）求函数的定义域；

（2）求驻点和 $f'(x)$ 不存在的点，并以这些点为分界点，将定义域分成若干个区间；

（3）列表确定 $f'(x)$ 在各个区间内的符号，从而确定单调区间.

2．函数的极值

定义 设函数 $f(x)$ 在点 x_0 的某个邻域内有定义，若对该邻域内的任意点 x（$x\neq x_0$），都有 $f(x)<f(x_0)$（或 $f(x)>f(x_0)$），我们就说 $f(x_0)$ 是函数 $f(x)$ 的一个**极大值（或极小值）**，x_0 是函数 $f(x)$ 的一个**极大值点（或极小值点）**.

函数的极大值与极小值统称为**极值**，极大值点与极小值点统称为**极值点**.

定理 2（极值的必要条件） 若函数 $f(x)$ 在点 x_0 处可导，且 x_0 为极值点，则必有 $f'(x_0)=0$.

定理 3（极值的充分条件） 设函数 $f(x)$ 在点 x_0 处连续，在点 x_0 的某个邻域内可导（$f'(x_0)=0$ 或 $f'(x_0)$ 不存在），

（1）若当 $x<x_0$ 时，$f'(x)>0$；当 $x>x_0$ 时，$f'(x)<0$，则 $f(x_0)$ 是 $f(x)$ 的极大值；

（2）若当 $x<x_0$ 时，$f'(x)<0$；当 $x>x_0$ 时，$f'(x)>0$，则 $f(x_0)$ 是 $f(x)$ 的极小值；

（3）若在点 x_0 两侧，$f'(x)$ 的符号相同，则 $f(x_0)$ 不是 $f(x)$ 的极值.

由定理 2 和 3 可知，求函数 $f(x)$ 的极值可按下列步骤进行：

（1）求出函数 $f(x)$ 的定义域及导数；

（2）求出 $f(x)$ 的驻点及导数不存在的点；

（3）列表讨论 $f(x)$ 的单调性和极值点；

（4）求出各极值点处的函数值，得到函数的极值.

◇ 例题解析

例 1 求函数 $f(x)=4x^3-5x^2-8x+3$ 的单调区间.

解 （1）$f(x)$ 的定义域为 $(-\infty,+\infty)$.

（2）$f'(x)=12x^2-10x-8$.

令 $f'(x)=0$，得 $x_1=-\dfrac{1}{2}, x_2=\dfrac{4}{3}$.

（3）列表讨论如下：

x	$\left(-\infty,-\dfrac{1}{2}\right)$	$\left(-\dfrac{1}{2},\dfrac{4}{3}\right)$	$\left(\dfrac{4}{3},+\infty\right)$
$f'(x)$	+	−	+
$f(x)$	↗	↘	↗

所以，函数的单调增区间为 $\left(-\infty,-\dfrac{1}{2}\right]$ 和 $\left[\dfrac{4}{3},+\infty\right)$；单调减区间为 $\left[-\dfrac{1}{2},\dfrac{4}{3}\right]$.

例 2 求函数 $f(x)=(x-1)x^{\frac{2}{3}}$ 的单调区间.

解 （1）函数的定义域为 $(-\infty,+\infty)$.

（2）$f'(x)=x^{\frac{2}{3}}+\dfrac{2}{3}(x-1)x^{-\frac{1}{3}}=\dfrac{5x-2}{3x^{\frac{1}{3}}}$.

令 $f'(x)=0$，得 $x=\dfrac{2}{5}$；而 $x=0$ 时，导数 $f'(x)$ 不存在.

（3）列表讨论如下：

x	$(-\infty,0)$	$\left(0,\frac{2}{5}\right)$	$\left(\frac{2}{5},+\infty\right)$
$f'(x)$	+	−	+
$f(x)$	↗	↘	↗

所以，函数的单调增区间为 $(-\infty,0]$ 和 $\left[\frac{2}{5},+\infty\right)$；单调减区间为 $\left[0,\frac{2}{5}\right]$.

例 3　求函数 $f(x)=\frac{1}{3}x^3-\frac{1}{2}x^2-2x+1$ 的极值.

解　（1）函数的定义域为 $(-\infty,+\infty)$.

（2）$f'(x)=x^2-x-2=(x+1)(x-2)$.

令 $f'(x)=0$，解得驻点 $x_1=-1, x_2=2$.

（3）列表讨论如下：

x	$(-\infty,-1)$	-1	$(-1,2)$	2	$(2,+\infty)$
$f'(x)$	+	0	−	0	+
$f(x)$	↗	极大值 $\frac{13}{6}$	↘	极小值 $-\frac{7}{3}$	↗

因此，极大值为 $f(-1)=\frac{13}{6}$，极小值为 $f(2)=-\frac{7}{3}$.

例 4　证明：当 $x>0$ 时，$x>\ln(1+x)$.

证明　令 $f(x)=x-\ln(1+x)$，故 $f(x)$ 在 $[0,+\infty)$ 上连续.

当 $x>0$ 时，

$$f'(x)=1-\frac{1}{1+x}>0,$$

于是 $f(x)$ 在 $[0,+\infty)$ 上单调增加. 又 $f(0)=0$，所以，当 $x>0$ 时，

$$f(x)=x-\ln(1+x)>0,$$

即

$$x>\ln(1+x).$$

◇ 精选习题

一、判断题（正确的在括号里填√，错误的在括号里填×）

1. 当 $x\in(a,b)$ 时，$f'(x)>0$，则函数 $y=f(x)$ 在 (a,b) 上单调增加.　（　　）
2. 当 $x\in(a,b)$ 时，$f'(x)<0$，则函数 $y=f(x)$ 在 $[a,b]$ 上单调减少.　（　　）
3. 函数 $f(x)=x^3-3x$ 在 $(-1,1)$ 内单调减少.　（　　）

4. 当 $0<x<\dfrac{\pi}{2}$ 时，$x>\sin x$．（　　）

5. $y=|x|$ 在点 $x=0$ 处取得极小值．（　　）

二、填空题

1．函数 $y=\dfrac{1}{3}x^3-\dfrac{3}{2}x^2+2x+1$ 在区间________单调减少．

2．函数 $y=\dfrac{1}{2}\sin x-x$ 在定义域内单调__________．

3．函数 $f(x)=2x^3-\dfrac{1}{2}x^2-12x+5$ 的驻点为____________．

4．设 $f(x)$ 在点 x_0 的某邻域内可导，且在点 x_0 处取得极值，则 $f'(x_0)=$________．

5．设 $f(x)$ 在点 x_0 的某邻域内可导，且在点 x_0 的两侧，函数的导数具有相同的符号，则 $f(x)$ 在点 x_0 处的极值_______________．

三、选择题

1．函数 $y=(2x+1)^2$ 在区间 $(-1,1)$ 上的极小值点是（　　）．

A．0　　B．$-\dfrac{1}{2}$　　C．$(0,1)$　　D．$(1,9)$

2．函数 $y=x-\dfrac{3}{2}x^{\frac{2}{3}}$ 的极值点的个数是（　　）．

A．0　　B．1　　C．2　　D．3

3．函数 $y=x-\ln(1+x)$ 的单调增加区间是（　　）．

A．$(-\infty,0)$　　B．$(-1,0)$　　C．$(0,+\infty)$　　D．$(-1,+\infty)$

4．下列结论正确的是（　　）．

A．若函数 $f(x)$ 在点 x_0 处可导，且 x_0 为极值点，则必有 $f'(x_0)=0$

B．$f'(x)$ 不存在的点一定不是极值点

C．在某区间上单调增加的函数的导数一定大于 0

D．开区间上的连续函数一定有极大值

5．$f'(x_0)=0$ 是 $f(x)$ 在点 x_0 处取得极值的（　　）．

A．充分条件　　B．必要条件

C．充要条件　　D．以上结论都不对

四、解答题

1 求下列函数的极值点与极值，并指出所求的极值是极大值还是极小值．

（1）$y=\dfrac{3}{2}x^2-4x+5$；　（2）$y=\dfrac{1}{6}x^3-2x+3$；　（3）$y=2x^3-\ln x$；

（4）$y=(x-1)(x+1)^3$；　（5）$f(x)=2-(x-1)^{\frac{2}{3}}$；　（6）$y=\dfrac{2x}{1+x^2}$；

（7）$y=x^2\mathrm{e}^{-x}$；　（8）$y=\dfrac{x}{x^2+1}$；　（9）$y=1+\sqrt{x^2-4}$；

（10）$y = x^3 - 2x^2 - 4x + 7$；　　　（11）$y = x^4 - 2x^3 + x^2 + 8$.

2. 证明下列不等式.

（1）当 $x > 1$ 时，$4\sqrt{x} > 5 - \frac{1}{x}$；

（2）当 $x > 0$ 时，$e^x - 1 - x > 1 - \cos x$；

（3）当 $-1 < x < 2$ 时，$\frac{1}{3}x^3 - 2x > \frac{1}{2}x^2 - 1$.

3.3　函数的最大值与最小值

◇ 主要内容

定理　在闭区间 $[a, b]$ 上连续的函数 $f(x)$，在 $[a, b]$ 上必有最大值与最小值.

最大值与最小值统称为最值. 函数 $f(x)$ 在 $[a, b]$ 上的最值，只可能在 (a, b) 内的极值点和端点处取得.

求连续函数 $f(x)$ 在 $[a, b]$ 上的最大值与最小值的步骤如下：

（1）求出 $f(x)$ 在 (a, b) 内的所有驻点和 $f'(x)$ 不存在的点，并求出这些点的函数值；

（2）求出 $f(a)$ 和 $f(b)$，并与（1）中所求的函数值进行比较，其中最大的一个是最大值，记为 $y_{\max}$，最小的一个是最小值，记为 $y_{\min}$.

特别地，函数在开区间内只有一个驻点，则该驻点的函数值一定是函数的最大值或最小值. 对于实际问题中的最大值或最小值问题，要由实际问题的意义来判定.

◇ 例题解析

例 1　求函数 $f(x) = 2x^3 + 3x^2 - 36x + 1$ 在区间 $[-4, 3]$ 上的最大值和最小值.

解　$f'(x) = 6x^2 + 6x - 36 = 6(x^2 + x - 6) = 6(x-2)(x+3)$.

令 $f'(x) = 0$，解得驻点：$x_1 = 2$，$x_2 = -3$.

分别求出 $f(x)$ 在驻点与端点处的函数值：

$$f(-4) = 65,\ f(-3) = 82,\ f(2) = -43,\ f(3) = -26.$$

比较上述各函数值，可知在区间 $[-4, 3]$ 上，函数的最大值为 $f(-3) = 82$，最小值为 $f(2) = -43$.

例 2　在建筑施工现场常常需要在空地上建造一个辅助的长方体水池. 假设水池的容量为 V，根据空地特点，选择水池地面为正方形. 如果水池地面造价是壁面造价的 2 倍，那么，怎样设计水池边长才使水池的总造价最低？

解　设水池地面边长是 x，水池高度是 h，水池壁面造价是 a，水池总造价是 y.

由 $V = x^2 h$ 可得 $h = \frac{V}{x^2}$，则水池总造价是

$$y = 2ax^2 + 4axh = 2ax^2 + \frac{4aV}{x}.$$

从而
$$y' = 4ax - \frac{4aV}{x^2}.$$

令 $y'=0$，得 $x=\sqrt[3]{V}$，这时 $h=\frac{V}{x^2}=\sqrt[3]{V}.$

因为驻点唯一，所以，当地面边长和水池高度都是 $\sqrt[3]{V}$ 时，水池的总造价最低，这时水池构成正方体.

例 3 把长为 a 的铁丝分成两段，各围成正方形，怎样分才能使这两个正方形的面积之和最小？

解 将铁丝分成两段，设其中一段长度为 $x\ (0<x<a)$，则另一段的长度为 $a-x$，则所求的围成的两个正方形的面积之和为

$$S(x)=\left(\frac{x}{4}\right)^2+\left(\frac{a-x}{4}\right)^2.$$

所以
$$S'(x)=\frac{2x-a}{8}.$$

令 $S'(x)=0$，得唯一驻点 $x=\frac{a}{2}$. 所以当 $x=\frac{a}{2}$ 时，S 有最小值. 故将铁丝平分才能使所围成的两个正方形的面积之和最小.

◇ 精选习题

一、判断题（在正确的括号里填√，错误的括号里填×）

1. 若 $f(x)$ 在开区间 (a,b) 内可导，且只有一个驻点，则该驻点一定是 $f(x)$ 的最值点. （　）

2. 计算 $f(x)$ 在开区间 (a,b) 内的所有驻点和不可导点以及端点的函数值，在这些值中最大者为 $f(x)$ 的最大值，最小者为 $f(x)$ 的最小值. （　）

3. 函数 $y=x^2+2$ 在 $[-3,2]$ 上的最大值为 6. （　）

4. 函数 $y=\frac{1}{2}x^2+2x+1$ 在点 $x=-1$ 处取得最小值. （　）

5. 连续函数 $y=f(x)$ 在区间 $[a,b]$ 上的极大值一定是最大值. （　）

二、填空题

1. 函数 $f(x)=x\mathrm{e}^{-x^2}$ 在 $[1,2]$ 上的最小值为________.

2. 函数 $f(x)=2x^2-ax+1$ 在 $(-\infty,+\infty)$ 上的最小值为 -16，则 $a=$____.

3. 函数 $y=\sin x$ 在 $\left[\frac{\pi}{4},\frac{7\pi}{4}\right]$ 上的最大值为______，最小值为__________.

4. 函数 $y=x^2-\frac{54}{x}(x<0)$ 在点 $x=$____ 处取得最小值.

5. 函数 $y=\frac{x}{x^2+1}(x\geqslant 0)$ 在点 $x=$____ 处取得最大值.

三、选择题

1. 函数 $f(x)=x-\sin x$ 在闭区间 $[0,1]$ 上的最大值为（　　）.

A. 0　　B. 1　　C. $1-\sin 1$　　D. $\dfrac{\pi}{2}$

2. 下列结论正确的是（　　）.

A. 闭区间上的连续函数一定有最大值

B. 闭区间上的连续函数的最大值一定在驻点处取得

C. 函数 $f(x)=\ln x$ 在定义域内单调增加

D. 函数 $f(x)=\log_{\frac{1}{2}} x$ 在定义域内单调增加

3. 函数 $y=x^2+x$ 在 $[1,2]$ 上的最大值为（　　）.

A. $-\dfrac{1}{4}$　　B. 2　　C. 6　　D. 8

4. 函数 $y=\sin 2x$ 在 $[0,\pi]$ 上的最小值为（　　）.

A. -1　　B. 0　　C. 1　　D. $\sqrt{2}$

5. 已知 $f(x)=x^3+ax^2+bx$ 在点 $x=1$ 处有极值 -2，则 a,b 的值分别为（　　）.

A. $a=1,b=2$　　B. $a=0,b=-3$

C. $a=-3,b=0$　　D. $a=-1,b=-2$

四、解答题

1. 求下列函数在指定区间上的最大值与最小值：

（1）$y=x^2+3x-5$，$x\in[-2,3]$；　（2）$y=4x^3-x^2+1$，$x\in[-2,2]$；

（3）$y=\cos 2x-3$，$x\in\left[-\dfrac{\pi}{2},\dfrac{\pi}{2}\right]$；　（4）$y=(x^2-2)(x^2+3)$，$[-2,2]$；

（5）$y=x+\sqrt{1-x^2}$，$x\in[-5,1]$；　（6）$y=\dfrac{1}{2}x^2-2\sqrt{x}$，$x\in[0,4]$.

2. 欲用长 6 m 的铝合金材料加工一“日”字形窗框，问它的长和宽各为多少时，才能使窗户的面积最大？最大面积是多少？

3. 某电视机厂生产电视机所得的利润为 $L(x)=5000+x-0.0001x^2$（元）. 问生产多少台时可取得最大利润？

4. 若造一圆柱形油罐，体积为 V，问底半径 r 和高 h 等于多少时，才能使表面积最小？

3.4　曲线的凸凹性与拐点　简单函数图形的描绘

◇ 主要内容

定义 1　在区间 (a,b) 内，若曲线弧位于其任意一点处切线的上方，则称曲线在区间 (a,b)

内是**凹的**，区间 (a,b) 称为**凹区间**；在区间 (a,b) 内，若曲线弧位于其任意一点处切线的下方，则称曲线在区间 (a,b) 是**凸的**，区间 (a,b) 称为**凸区间**. 如图 3.4-1 所示.

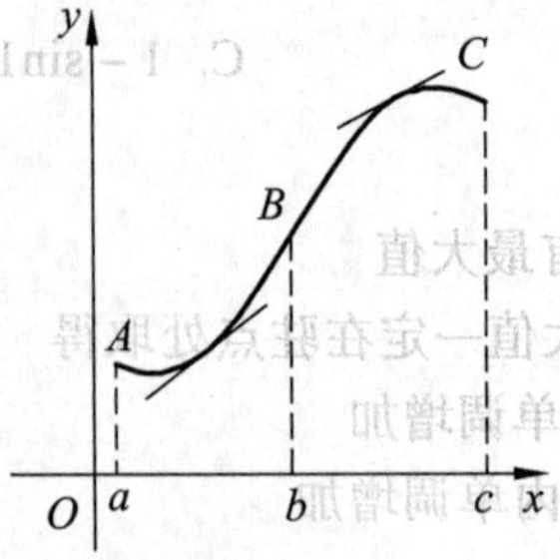

图 3.4-1

定理 设函数 $y=f(x)$ 在 (a,b) 内有二阶导数，那么：

（1）若在(a,b)内 $f''(x)>0$，则曲线 $y=f(x)$ 在(a,b)内是凹的；

（2）若在(a,b)内 $f''(x)<0$，则曲线 $y=f(x)$ 在(a,b)内是凸的.

定义 2 连续曲线上凹弧与凸弧的分界点，称为曲线的**拐点**.

求曲线 $y=f(x)$ 的凹凸区间和拐点的一般步骤：

（1）确定函数的定义域；

（2）求出使 $f''(x)=0$ 或 $f''(x)$ 不存在的点；

（3）列表确定曲线的凹凸区间和拐点. 对于(2)中求出的每一个 x_0，考察 $f''(x)$ 在点 x_0 左右两侧邻近的符号，如果 $f''(x)$ 变号，则点 $(x_0, f(x_0))$ 就是曲线 $y=f(x)$ 的拐点；如果 $f''(x)$ 不变号，点 $(x_0, f(x_0))$ 就不是拐点.

定义 3 如果曲线 $y=f(x)$ 上一点沿着曲线无限远离坐标原点时，该点与某条直线 L 的距离趋近于零，则直线 L 称为曲线 $y=f(x)$ 的**渐近线**.

渐近线分为铅直渐近线、水平渐近线和斜渐近线.

定义 4（1）如果 $\lim\limits_{x\to x_0} f(x)=\infty$（或 $\lim\limits_{x\to x_0^-} f(x)=\infty$ 或 $\lim\limits_{x\to x_0^+} f(x)=\infty$），则称直线 $x=x_0$ 为曲线 $y=f(x)$ 的**铅直渐近线**.

（2）如果 $\lim\limits_{x\to\infty} f(x)=b$ （或 $\lim\limits_{x\to-\infty} f(x)=b$ 或 $\lim\limits_{x\to+\infty} f(x)=b$），则称直线 $y=b$ 为曲线 $y=f(x)$ 的**水平渐近线**.

（3）如果 $\lim\limits_{x\to\infty}[f(x)-(ax+b)]=0$，则称直线 $y=ax+b$ 为曲线 $y=f(x)$ 的**斜渐近线**，并且

$$a=\lim_{x\to\infty}\frac{f(x)}{x}, \quad b=\lim_{x\to\infty}[f(x)-ax].$$

综合前面的讨论，描绘函数图形的一般步骤为：

（1）确定函数的定义域，并考察函数的周期性、奇偶性、有界性等特性；

（2）求出 $f'(x)=0$ 与 $f''(x)=0$ 的点，及 $f'(x)$ 与 $f''(x)$ 不存在的点，用这些点将定义域划分成几个小区间；

（3）列表确定在这些小区间内 $f'(x)$ 与 $f''(x)$ 的符号，并由此确定函数图形的升降和凹凸区间、极值点和拐点；

（4）考察曲线的渐近线及其他变化趋势；
（5）求出某些特殊点的坐标，如曲线与坐标轴的交点、极值点、拐点等；
（6）综合上述分析，用光滑曲线描绘出函数的图形.

◇ 例题解析

例 1　求曲线 $y=x^4-2x^3+3$ 的拐点及凹凸区间.

解　（1）函数 $y=x^4-2x^3+3$ 的定义域为 $(-\infty,+\infty)$.

（2）$y'=4x^3-6x^2$.

$y''=12x^2-12x=12x(x-1)$.

令 $y''=0$，得 $x_1=0$，$x_2=1$.

（3）列表分析如下：

x	$(-\infty,0)$	0	$(0,1)$	1	$(1,+\infty)$
$f''(x)$	+	0	−	0	+
$f(x)$	凹	拐点 $(0,3)$	凸	拐点 $(1,2)$	凹

因此，曲线的拐点是$(0,3)$和$(1,2)$，凹区间是 $(-\infty,0]$ 和 $[1,+\infty)$，凸区间是$[0,1]$.

例 2　描绘函数 $y=x^3-x^2-x+1$ 的图形.

解　（1）函数的定义域为 $(-\infty,+\infty)$.

（2）$f'(x)=3x^2-2x-1=(3x+1)(x-1)$.

$f''(x)=6x-2=2(3x-1)$.

$f'(x)=0$ 的根为 $x_1=-\dfrac{1}{3}, x_2=1$；$f''(x)=0$ 的根为 $x=\dfrac{1}{3}$.

（3）列表分析如下：

x	$\left(-\infty,-\frac{1}{3}\right)$	$-\frac{1}{3}$	$\left(-\frac{1}{3},\frac{1}{3}\right)$	$\frac{1}{3}$	$\left(\frac{1}{3},1\right)$	1	$(1,+\infty)$
$f'(x)$	+	0	−	−	−	0	+
$f''(x)$	−	−	−	0	+	+	+
$f(x)$	凸↗	极大值	凸↘	拐点	凹↘	极小值	凹↗

（4）曲线无渐近线.

（5）计算特殊点：$f\left(-\dfrac{1}{3}\right)=\dfrac{32}{27}, f\left(\dfrac{1}{3}\right)=\dfrac{16}{27}, f(1)=0$，$f(0)=1$，$f(-1)=0$.

（6）再加一个辅助点 $f\left(\dfrac{3}{2}\right)=\dfrac{5}{8}$，然后描点连线画出图形，如图 3.4-2 所示.

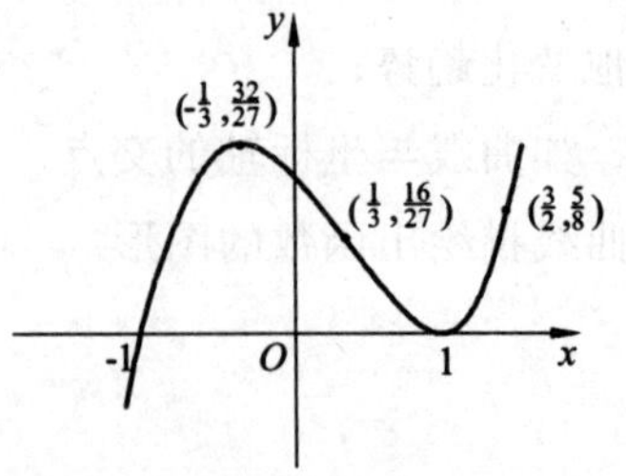

图 3.4-2

例 3　描绘函数 $f(x)=\dfrac{x}{1+x^2}$ 的图形.

解　（1）函数的定义域为 $(-\infty,+\infty)$，是奇函数，图形关于原点对称，故可只讨论函数在 $(0,+\infty)$ 内的图形.

（2）$f'(x)=\dfrac{-(x-1)(x+1)}{(1+x^2)^2}$.

$$f''(x)=\frac{2x(x-\sqrt{3})(x+\sqrt{3})}{(1+x^2)^3},$$

当 $x\geqslant 0$ 时，$f'(x)=0$ 的根为 $x_1=1$；$f''(x)=0$ 的根为 $x_2=0, x_3=\sqrt{3}$.

（3）列表分析如下：

x	0	$(0,1)$	1	$(1,\sqrt{3})$	$\sqrt{3}$	$(\sqrt{3},+\infty)$
$f'(x)$	+	+	0	−	−	−
$f''(x)$	0	−	−	−	0	+
$f(x)$	拐点	凸↗	极大值	凸↘	拐点	凹↘

（4）因为 $\lim\limits_{x\to\infty}f(x)=0$，所以曲线有水平渐近线 $y=0$.

（5）计算特殊点：$f(0)=0, f(1)=\dfrac{1}{2}, f(\sqrt{3})=\dfrac{\sqrt{3}}{4}$，

（6）画出函数在 $[0,+\infty)$ 上的图形，再利用图形关于原点对称的性质，便可得到函数在 $(-\infty,0]$ 上的图形，如图 3.4-3 所示.

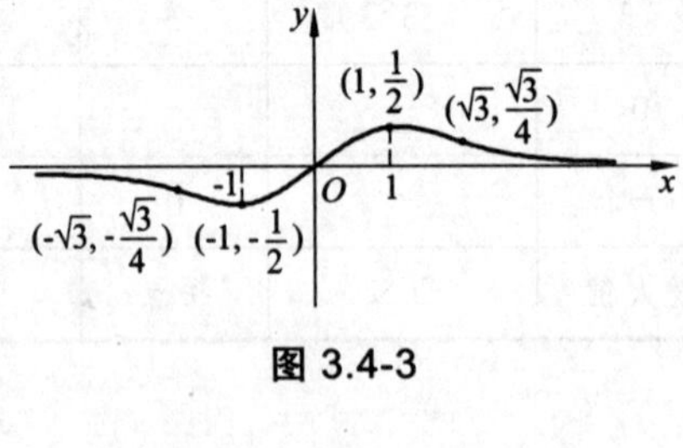

图 3.4-3

◇ 精选习题

一、判断题（正确的在括号里填√，错误的在括号里填 ×）

1. 在区间 (a,b) 内，若曲线弧位于其任意一点处切线的上方，则称曲线在区间 (a,b) 内是

凹的. ( )

2. 设函数 $y=f(x)$ 在 (a,b) 内有二阶导数，且 $f''(x)<0$，则曲线 $y=f(x)$ 在 (a,b) 内是凹的. ( )

3. 连续曲线上凹弧与凸弧的分界点，称为曲线的拐点. ( )

4. $f''(x)$ 不存在的点一定不是曲线的拐点. ( )

5. 如果 $\lim\limits_{x\to+\infty} f(x)=b$，则直线 $y=b$ 是曲线 $y=f(x)$ 的一条水平渐近线. ( )

二、填空题

1. 曲线 $y=\dfrac{x+1}{x^2-2}$ 的水平渐近线是__________，垂直渐近线为__________.

2. 曲线 $y=\mathrm{e}^{-x^2}$ 在区间________上是凹的.

3. 曲线 $y=x^3+3x^2-x-1$ 的拐点是__________.

4. 曲线 $y=x^3-ax^2-9x+4$ 在点 $x=1$ 处有拐点，则 $a=$_____.

5. 曲线 $y=\ln(x^3+1)$ 的凸区间是____________.

三、选择题

1. 在区间 $(0,+\infty)$ 内，$y=1-\ln x$ 的图形是（ ）.

A. 凹的　　B. 凸的　　C. 有凹有凸的　　D. 无极值

2. 曲线 $y=ax^3+bx^2$ 的拐点是(1,3)，则 a,b 的值分别为（ ）.

A. $\dfrac{3}{2},-\dfrac{9}{2}$　　B. $\dfrac{9}{2},\dfrac{3}{2}$　　C. $-\dfrac{3}{2},\dfrac{9}{2}$　　D. $-\dfrac{9}{2},\dfrac{3}{2}$

3. 曲线 $y=x-\sin x$ 在区间 $(-2\pi,2\pi)$ 内的拐点的个数是（ ）.

A. 1　　B. 2　　C. 3　　D. 4

4. 曲线 $y=x^3-5x^2+3x+5$ 的凹区间和凸区间分别是（ ）.

A. $\left(-\infty,-\dfrac{5}{3}\right)$ 和 $\left(-\dfrac{5}{3},+\infty\right)$　　B. $\left(\dfrac{5}{3},+\infty\right)$ 和 $\left(-\infty,\dfrac{5}{3}\right)$

C. $\left(-\infty,\dfrac{5}{3}\right)$ 和 $\left(\dfrac{5}{3},+\infty\right)$　　D. $\left(\dfrac{5}{3},+\infty\right)$ 和 $\left(-\infty,-\dfrac{5}{3}\right)$

5. 下列函数没有极值点的是（ ）.

A. $y=|x|$　　B. $y=x^2$　　C. $y=x^3$　　D. $y=x^{\frac{2}{3}}$

四、解答题

1. 求下列曲线的凹凸区间与拐点：

（1）$y=\dfrac{1}{x^2}$；　　（2）$y=2^{1+x^2}$；

（3）$y=\sqrt[5]{x}$；　　（4）$y=\dfrac{1}{6}x^4-\dfrac{1}{2}x^3-x^2+1$；

（5）$y=x^2(\mathrm{e}^{-x}-1)$；　　（6）$y=x^4+12x^3+18x+2$.

2. 已知曲线 $f(x)=ax^4+bx^2$ 上有一个拐点 $(-1,4)$，试确定 a,b 的值.

3. 已知曲线 $f(x)=ax^3+bx^2-2x+3$ 在点 $x=1$ 处有拐点 $(1,2)$，试确定系数 a,b 的值，并求曲线的单调区间和凹凸区间.

4. 求下列曲线的渐近线.

（1）$y=\dfrac{1}{x^2+x-2}$；　　（2）$y=\dfrac{x^2+2}{(2x-1)^2}$.

5. 描绘下列函数的图形：

（1）$y=6x-2x^3$；　　（2）$y=2x^3+6x^2+6x+1$；

（3）$y=3x^2-\dfrac{1}{x}$；　　（4）$y=\dfrac{x}{1-x^2}$.

第 4 章
不定积分

4.1 不定积分的概念

◇ 主要内容

1．原函数的概念

定义 1 设 $f(x)$ 是定义在区间 I 上的一个函数，如果存在函数 $F(x)$，使得对区间 I 上任一点 x，都有 $F'(x)=f(x)$，则称 $F(x)$ 为 $f(x)$ 的一个原函数.

定理 1（原函数存在定理） 若 $f(x)$ 在区间 I 上连续，则它在 I 上一定存在原函数.

推论 初等函数在其定义区间上必有原函数.

定理 2 若 $F(x)$ 是函数 $f(x)$ 在区间 I 上的一个原函数，则 $F(x)+C$ 是 $f(x)$ 的全部原函数，其中 C 是任意常数.

推论 若函数 $f(x)$ 在区间 I 上有一个原函数，则它有无数个原函数，并且任意两个原函数之间相差一个常数.

2．不定积分的定义

定义 2 如果函数 $F(x)$ 是 $f(x)$ 的一个原函数，则称 $f(x)$ 的全部原函数 $F(x)+C$（其中 C 是任意常数）为 $f(x)$ 的不定积分，记为 $\int f(x)\mathrm{d}x$. 即

$$\int f(x)\mathrm{d}x=F(x)+C,$$

其中“$\int$”叫做积分号，$f(x)$ 叫做被积函数，x 叫作积分变量，$f(x)\mathrm{d}x$ 叫做被积表达式，C 叫做积分常数.

求一个函数 $f(x)$ 的不定积分，只需求出 $f(x)$ 的一个原函数，再加上任意常数即可.

3．不定积分的几何意义

若函数 $F(x)$ 是 $f(x)$ 的一个原函数，则称 **$F(x)$ 的图形为 $f(x)$ 的积分曲线**. 由于 C 的任意性，不定积分 $\int f(x)\mathrm{d}x=F(x)+C$ 的图形为 $f(x)$ 的**一族积分曲线**；它们是由**积分曲线** $y=F(x)$ 沿 y 轴上下平移而得的一族曲线，我们称之为 $f(x)$ 的**积分曲线族**. 由于 $[F(x)+C]'=f(x)$，所以对应于横坐标 x 的**积分曲线族上相应点处的切线**的斜率都等于 $f(x)$，因此这些切线**相互平行**. 这就是不定积分的几何意义.

由于积分与导数互为逆运算，我们得到：对速度函数求积分可求出路程函数，对加速度函数求积分可求出速度函数.

◇ 例题解析

例 1　用求导数的方法验证下列等式：

（1）$\int 3x\mathrm{d}x=\frac{3}{2}x^2+C$；　　（2）$\int \sin x\mathrm{d}x=-\cos x+C$；

（3）$\int \frac{1}{\sqrt{1-x^2}}\mathrm{d}x=\arcsin x+C$；　　（4）$\int (x^2+1)\mathrm{d}x=\frac{x^3}{3}+x+C$.

解　（1）因为$\left(\frac{3}{2}x^2\right)'=3x$，所以$\int 3x\mathrm{d}x=\frac{3}{2}x^2+C$.

（2）因为$(-\cos x)'=\sin x$，所以$\int \sin x\mathrm{d}x=-\cos x+C$.

（3）因为$(\arcsin x)'=\frac{1}{\sqrt{1-x^2}}$，所以$\int \frac{1}{\sqrt{1-x^2}}\mathrm{d}x=\arcsin x+C$.

（4）因为$\left(\frac{1}{3}x^3+x\right)'=x^2+1$，所以$\int (x^2+1)\mathrm{d}x=\frac{x^3}{3}+x+C$.

例 2　已知某曲线上任意一点处的切线斜率为 $2x$，且曲线经过点 $M(-2,-1)$，求此曲线方程.

解　设所求的曲线方程为 $y=F(x)$，依题意有

$$F'(x)=2x\,,$$

则

$$y=F(x)=\int 2x\mathrm{d}x=x^2+C\,.$$

将 $x=-2,\ y=-1$ 代入上式，得 $C=-5$. 故所求的曲线方程为

$$y=x^2-5\,.$$

例 3　一物体作直线运动，其加速度为 $a=3t+4$，当 $t=2$ s 时，该物体的运动速度和物体所经过的路程分别为 $v=15$ m/s，$s=50$ m，试求：

（1）物体的速度方程，并求当 $t=4$ s 时，物体的运动速度；

（2）物体的运动方程，并求当 $t=4$ s 时，物体所经过的路程.

解　（1）设物体的速度方程 $v=v(t)$，依题意有

$$v=v(t)=\int(3t+4)\mathrm{d}t=\frac{3}{2}t^2+4t+C_1\,.$$

将 $t=2$，$v=15$ 代入上式，得 $C_1=1$. 故所求的速度方程为

$$v=\frac{3}{2}t^2+4t+1\,.$$

当 $t=4$ s 时，$v=41$ m/s.

（2）设物体的运动方程 $s=s(t)$，依题意有

$$s=s(t)=\int v(t)\mathrm{d}t=\int\left(\frac{3}{2}t^2+4t+1\right)\mathrm{d}t=\frac{1}{2}t^3+2t^2+t+C_2\,.$$

将 $t=2$, $s=50$ 代入上式，得 $C_2=36$．故所求的运动方程为

$$s=\frac{1}{2}t^3+2t^2+t+36.$$

当 $t=4$ s时，$s=104$ m．

◇ 精选习题

一、判断题（正确的在括号里填√，错误的在括号里填×）

1. 在区间 I 上，若 $P'(x)=h(x)$，则在 I 上 $P(x)$ 是 $h(x)$ 的一个原函数．（　　）
2. 函数 $y=\sqrt{x}-5$ 在定义域上一定有原函数．（　　）
3. 积分与导数互为逆运算．（　　）
4. 若 $\int 3x\mathrm{d}x=\frac{3}{2}x^2+C$，则 $\frac{3}{2}x^2$ 是 $3x$ 的一个原函数．（　　）
5. $-\frac{1}{2}\sin^2 x$ 和 $-\frac{1}{2}\cos^2 x$ 是同一个函数的原函数．（　　）

二、填空题

1. 若 $(x^2)'=2x$，则 $2x$ 的全部原函数为____________．
2. 若 $\int g(x)\mathrm{d}x=q(x)+C$，$q'(x)=$____________．
3. 若 $(\arctan x)'=\frac{1}{1+x^2}$，则 $\int\frac{1}{1+x^2}\mathrm{d}x=$____________．
4. 对速度函数求积分可求出____________，对加速度函数求积分可求出____________．
5. $\left[\int f(x)\mathrm{d}x\right]'=$____________．

三、选择题

1. 已知 $(\sin x)'=\cos x$，则下列结论不正确的是（　　）．

A. $\sin x$ 是 $\cos x$ 的一个原函数　　B. $\sin x+1$ 是 $\cos x$ 的一个原函数

C. $\sin x-3$ 是 $\cos x$ 的一个原函数　　D. $2\sin x$ 是 $\cos x$ 的一个原函数

2. 一物体作直线运动，其加速度为 $a=t+1$，当 $t=1$ s 时，该物体的运动速度和物体所经过的路程分别为 $v=10$ m/s，$s=40$ m，那么，当 $t=2$ s时，物体的运动速度和物体所经过的距离分别为（　　）．

A. $10\frac{1}{2}$ 和 $51\frac{1}{6}$　　B. $12\frac{1}{2}$ 和 $51\frac{1}{6}$

C. $12\frac{1}{2}$ 和 $50\frac{1}{6}$　　D. $10\frac{1}{2}$ 和 $50\frac{1}{2}$

3. 下列等式正确的是（　　）．

A. $\int\sin x\mathrm{d}x=\cos x+C$　　B. $\int 2x\mathrm{d}x=x^2+C$

C. $\int \frac{1}{1+x^2}dx = \arcsin x + C$　　D. $\int 2x^2 dx = x^3 + C$

4. 已知某曲线上任意一点处的切线斜率为 $3x^2$，且曲线经过点 $M(1,2)$，则此曲线的方程为（　　）.

A. $y = x^3$　　B. $y = x^3 + 1$　　C. $y = 3x^3$　　D. $y = 3x^3 + 1$

5. 下列各组函数不是同一个函数的原函数的是（　　）.

A. $y = \ln x$ 和 $y = \ln(3x)$　　B. $y = (e^x + e^{-x})^2$ 和 $y = (e^x - e^{-x})^2$

C. $y = -\frac{1}{2}\cos^2 x$ 和 $y = \frac{1}{2}\sin^2 x$　　D. $y = (2x+1)^2$ 和 $y = (2x+2)^2$

四、解答题

1. 用求导数的方法验证下列等式.

（1）$\int x^3 dx = \frac{1}{4}x^4 + C$；　（2）$\int \frac{1}{\sqrt{x}}dx = 2\sqrt{x} + C$；　（3）$\int \frac{1}{x}dx = \ln|x| + C$；

（4）$\int \sec^2 x dx = \tan x + C$；　（5）$\int \sin 5x dx = -\frac{1}{5}\cos 5x + C$.

2. 证明函数 $\sin^2 x + x, -\frac{1}{2}\cos 2x + x + 1, -\cos^2 x + x - 2$ 都是 $\sin 2x + 1$ 的原函数.

3. 已知某函数的导数为 $x+2$，且当 $x = 2$ 时，该函数的值等于 9，求此函数.

4. 一物体作直线运动，其加速度为 $a = 2t + 1$，当 $t = 2$ s 时，该物体的运动速度和物体所经过的路程分别为 $v = 15$ m/s，$s = 50$ m，试求：

（1）物体的速度方程，并求当 $t = 4$ s 时，物体的运动速度；

（2）物体的运动方程，并求当 $t = 4$ s 时，物体所经过的路程.

5. 已知某曲线上任意一点处的切线斜率为 $3x$，且曲线经过点 $M(2,4)$，求此曲线的方程.

4.2　积分的基本公式与性质

◇ 主要内容

1．积分的基本性质

（1）不定积分的导数等于被积函数，即

$$\left(\int f(x)dx\right)' = f(x) \text{ 或 } d\int f(x)dx = f(x)dx.$$

（2）一个函数的导数的不定积分等于该函数本身加上任意常数，即

$$\int F'(x)dx = F(x) + C.$$

（3）两个函数的代数和的不定积分等于这两个函数的不定积分的代数和，即

$$\int[f(x)\pm g(x)]\mathrm{d}x=\int f(x)\mathrm{d}x\pm\int g(x)\mathrm{d}x.$$

（4）被积函数的常数因子可以提到积分号的外面，即

$$\int kf(x)\mathrm{d}x=k\int f(x)\mathrm{d}x\ (k\text{为不等于零的常数}).$$

2．积分的基本公式

（1）$\int\mathrm{d}x=x+C$；

（2）$\int x\mathrm{d}x=\frac{1}{2}x^2+C$；

（3）$\int\frac{1}{x}\mathrm{d}x=\ln|x|+C$；

（4）$\int\frac{1}{x^2}\mathrm{d}x=-\frac{1}{x}+C$；

（5）$\int\frac{1}{\sqrt{x}}\mathrm{d}x=2\sqrt{x}+C$；

（6）$\int x^\alpha\mathrm{d}x=\frac{x^{\alpha+1}}{\alpha+1}+C$；

（7）$\int a^x\mathrm{d}x=\frac{1}{\ln a}a^x+C$；

（8）$\int \mathrm{e}^x\mathrm{d}x=\mathrm{e}^x+C$；

（9）$\int\sin x\mathrm{d}x=-\cos x+C$；

（10）$\int\cos x\mathrm{d}x=\sin x+C$；

（11）$\int\tan x\mathrm{d}x=\ln|\sec x|+C$；

（12）$\int\cot x\mathrm{d}x=-\ln|\csc x|+C$；

（13）$\int\sec x\mathrm{d}x=\ln|\sec x+\tan x|+C$；

（14）$\int\csc x\mathrm{d}x=\ln|\csc x-\cot x|+C$；

（15）$\int\sec^2 x\mathrm{d}x=\tan x+C$；

（16）$\int\csc^2 x\mathrm{d}x=-\cot x+C$；

（17）$\int\frac{1}{\sqrt{1-x^2}}\mathrm{d}x=\arcsin x+C$；

（18）$\int\frac{1}{1+x^2}\mathrm{d}x=\arctan x+C$；

（19）$\int\sec x\tan x\mathrm{d}x=\sec x+C$；

（20）$\int\csc x\cot x\mathrm{d}x=-\csc x+C$.

3．直接积分法

直接利用基本积分公式和性质求出积分，或将被积函数经过简单的恒等变形，然后利用基本积分公式和性质求出积分，这样的积分方法称为直接积分法.

◇ 例题解析

例 1 求 $\int\left(4x^3+2x^2-\frac{1}{x}+1\right)\mathrm{d}x$.

解 $\int(4x^3+2x^2-\frac{1}{x}+1)\mathrm{d}x$

$=\int 4x^3\mathrm{d}x+\int 2x^2\mathrm{d}x-\int\frac{1}{x}\mathrm{d}x+\int\mathrm{d}x$

$$=4\int x^3\mathrm{d}x+2\int x^2\mathrm{d}x-\int\frac{1}{x}\mathrm{d}x+\int\mathrm{d}x$$

$$=4\times\frac{1}{4}x^4+2\times\frac{1}{3}x^3-\ln|x|+x+C$$

$$=x^4+\frac{2}{3}x^3-\ln|x|+x+C.$$

例 2　求 $\int(x^{\frac{1}{3}}-\sec x\tan x+\sec^2 x)\mathrm{d}x$.

解　原式 $=\int x^{\frac{1}{3}}\mathrm{d}x-\int\sec x\tan x\mathrm{d}x+\int\sec^2 x\mathrm{d}x$

$$=\frac{x^{\frac{1}{3}+1}}{\frac{1}{3}+1}-\sec x+\tan x+C$$

$$=\frac{3}{4}x^{\frac{4}{3}}-\sec x+\tan x+C.$$

例 3　求 $\int\sqrt{x\sqrt{x}}\mathrm{d}x$.

解　$\int\sqrt{x\sqrt{x}}\mathrm{d}x=\int x^{\frac{3}{4}}\mathrm{d}x=\frac{x^{\frac{3}{4}+1}}{\frac{3}{4}+1}+C=\frac{4}{7}x^{\frac{7}{4}}+C$.

例 4　$\int\frac{\sqrt[5]{x}+2\sqrt[3]{x^2}+1}{\sqrt[3]{x}}\mathrm{d}x$.

解　$\int\frac{\sqrt[5]{x}+2\sqrt[3]{x^2}+1}{\sqrt[3]{x}}\mathrm{d}x$

$$=\int(x^{\frac{1}{5}-\frac{1}{3}}+2x^{\frac{2}{3}-\frac{1}{3}}+x^{-\frac{1}{3}})\mathrm{d}x=\int(x^{-\frac{2}{15}}+2x^{\frac{1}{3}}+x^{-\frac{1}{3}})\mathrm{d}x$$

$$=\frac{x^{-\frac{2}{15}+1}}{-\frac{2}{15}+1}+2\times\frac{x^{\frac{1}{3}+1}}{\frac{1}{3}+1}+\frac{x^{-\frac{1}{3}+1}}{-\frac{1}{3}+1}+C=\frac{15}{13}x^{\frac{13}{15}}+\frac{3}{2}x^{\frac{4}{3}}+\frac{3}{2}x^{\frac{2}{3}}+C.$$

例 5　$\int\frac{\sin x}{\cos^2 x}\mathrm{d}x$.

解　$\int\frac{\sin x}{\cos^2 x}\mathrm{d}x=\int\sec x\tan x\mathrm{d}x=\sec x+C$.

◇ 精选习题

一、判断题（正确的在括号里填√，错误的在括号里填 ×）

1. $\left(\int f(x)\mathrm{d}x\right)'=f(x)$.　（　　）
2. $\int[f(x)\pm g(x)]\mathrm{d}x=\int f(x)\mathrm{d}x\pm\int g(x)\mathrm{d}x$.　（　　）
3. $\int 5f(x)\mathrm{d}x=5\int f(x)\mathrm{d}x$.　（　　）

4. $\int F'(x)\mathrm{d}x = F(x)$. ( )

5. $\int \sqrt{x}\mathrm{d}x = \dfrac{1}{2\sqrt{x}} + C$. ( )

二、填空题

1. $\int (3x^2 + 6x - 4)\mathrm{d}x =$ ____________________.

2. $\int (2 \cdot 5^x)\mathrm{d}x =$ ____________________.

3. $\int (\sin x + 2\sec^2 x)\mathrm{d}x =$ ____________________.

4. $\int \cot x\mathrm{d}x =$ ____________________.

5. $\int (\tan x + \sec x)\mathrm{d}x =$ ____________________.

三、选择题

1. 已知 $F'(x) = f(x)$，则 $\left(\int f(x)\mathrm{d}x\right)'$ 等于（ ）.

A. $F(x)$　　B. $F(x)+C$　　C. $f(x)$　　D. $f(x)+C$

2. $\left(\int x^4\mathrm{d}x\right)'$ 等于（ ）.

A. $\dfrac{1}{5}x^5 + C$　　B. $x^4 + C$　　C. x^4　　D. $\dfrac{1}{5}x^5$

3. $\int (\cos x)'\,\mathrm{d}x$ 等于（ ）.

A. $\cos x + C$　　B. $\sin x + C$　　C. $\cos x$　　D. $\sin x$

4. $\int \left(\dfrac{1}{\sqrt{x}} + \dfrac{1}{x}\right)\mathrm{d}x$ 等于（ ）.

A. $\sqrt{x} + \ln|x| + C$　　B. $2\sqrt{x} + \ln x + C$

C. $2\sqrt{x} + \ln|x| + C$　　D. $\sqrt{x} + \ln|x| + C$

5. $\int (\csc x - \cot x)\mathrm{d}x$ 等于（ ）.

A. $\ln|\csc x - \cot x| + C$　　B. $\csc x - \cot x + C$

C. $\ln|\csc x - \cot x| - \ln|\csc x| + C$　　D. $\ln|\csc x| + C$

四、解答题

1. 求下列函数的不定积分.

（1）$\int (4x^3 + 3x^2 - 2x + 1)\mathrm{d}x$；　（2）$\int (\sin x - 2\cos x + 3\mathrm{e}^x)\mathrm{d}x$；　（3）$\int \dfrac{(x+\sqrt{x})^2}{\sqrt[3]{x}}\mathrm{d}x$；

（4）$\int \dfrac{2x^2+1}{x^4+x^2}\mathrm{d}x$；　（5）$\int \dfrac{3x^2+2}{x^2+1}\mathrm{d}x$；　（6）$\int \dfrac{x-9}{\sqrt{x}+3}\mathrm{d}x$；

（7）$\int \left(\dfrac{1}{x} + \dfrac{1}{x^2} - 2^x + \sec^2 x\right)\mathrm{d}x$；　（8）$\int 5^x \mathrm{e}^x \mathrm{d}x$；　（9）$\int \sqrt{x\sqrt{x\sqrt{x}}}\,\mathrm{d}x$；

（10）$\int \frac{2\cdot 5^x + 5\cdot 2^x}{3^x}\mathrm{d}x$；　　（11）$\int \frac{\cos 2\theta}{\sin^2\theta}\mathrm{d}\theta$；　　（12）$\int \frac{\sqrt{1+x^2}}{\sqrt{1-x^4}}\mathrm{d}x$.

2. 已知某函数的导数为 $x+3$，又知当 $x=1$ 时，该函数的值等于 $\frac{1}{2}$，求此函数.

3. 一曲线通过点(1,6)和(2, −9)，且在任意点处的切线的斜率与 x^3 成正比，求该曲线的方程.

4. 一物体作直线运动，其速度为 $v=2t^2+5t$，当 $t=2\text{ s}$ 时，该物体经过的路程 $s=13\text{ m}$，试求物体的运动方程.

5. 一物体作直线运动，其加速度为 $a=2t+3$，当 $t=2\text{ s}$ 时，该物体的运动速度和物体所经过的路程分别 $v=14\text{ m/s}$，$s=56\frac{2}{3}\text{ m}$，试求：

（1）物体的速度方程，并求当 $t=4\text{ s}$ 时，物体的运动速度；

（2）物体的运动方程，并求当 $t=4\text{ s}$ 时，物体所经过的路程.

4.3　不定积分的换元积分法与分部积分法

◇ 主要内容

1．第一类换元积分法

定理 1　设 $\int f(u)\mathrm{d}u = F(u)+C$，且 $u=\varphi(x)$ 为可导函数，则有换元公式：

$$\int f[\varphi(x)]\varphi'(x)\mathrm{d}x = \int f[\varphi(x)]\mathrm{d}\varphi(x) \xlongequal{令 u=\varphi(x)} \int f(u)\mathrm{d}u$$

$$= F(u)+C \xlongequal{回代 u=\varphi(x)} F[\varphi(x)]+C .$$

以上换元法称为第一类换元法. 第一类换元法的关键是把被积函数分成两部分，使其中一部分为 $\mathrm{d}\varphi(x)$，另一部分为 $\varphi(x)$ 的函数，因此第一类换元法也称为凑微分法.

常用的凑微分公式有：

（1）$\mathrm{d}x = \frac{1}{a}\mathrm{d}(ax+b)$；

（2）$x^\alpha \mathrm{d}x = \frac{1}{\alpha+1}\mathrm{d}(x^{\alpha+1})$（$\alpha \neq -1$）；

（3）$x\mathrm{d}x = \frac{1}{2}\mathrm{d}(x^2)$；

（4）$\frac{1}{x^2}\mathrm{d}x = \mathrm{d}\left(-\frac{1}{x}\right)$；

（5）$\frac{\mathrm{d}x}{\sqrt{x}} = 2\mathrm{d}(\sqrt{x})$；

（6）$\frac{1}{x}\mathrm{d}x = \mathrm{d}(\ln x)$；

（7）$\mathrm{e}^x\mathrm{d}x = \mathrm{d}(\mathrm{e}^x)$；

（8）$a^x\mathrm{d}x = \frac{1}{\ln a}\mathrm{d}(a^x)$；

（9）$\sin x\mathrm{d}x = -\mathrm{d}(\cos x)$；

（10）$\cos x\mathrm{d}x = \mathrm{d}(\sin x)$；

（11）$\sec^2 x\mathrm{d}x = \mathrm{d}(\tan x)$；（12）$\csc^2 x\mathrm{d}x = -\mathrm{d}(\cot x)$；

（13）$\sec x\tan x\mathrm{d}x = \mathrm{d}(\sec x)$；（14）$\csc x\cot x\mathrm{d}x = -\mathrm{d}(\csc x)$；

（15）$\dfrac{1}{1+x^2}\mathrm{d}x = \mathrm{d}(\arctan x) = -\mathrm{d}(\mathrm{arccot}\, x)$；

（16）$\dfrac{1}{\sqrt{1-x^2}}\mathrm{d}x = \mathrm{d}(\arcsin x) = -\mathrm{d}(\arccos x)$.

2．第二类换元积分法

定理 2　设 $f(x)$ 连续，若

（1）$x=\varphi(t)$ 可导，且有反函数 $t=\varphi^{-1}(x)$；

（2）$\int f[\varphi(t)]\varphi'(t)\mathrm{d}t = F(t)+C$，

则

$$\int f(x)\mathrm{d}x = \int f[\varphi(t)]\varphi'(t)\mathrm{d}t = F(t)+C = F[\varphi^{-1}(x)]+C .$$

这种换元法称为第二类换元法. 第二类换元法的关键是 $x=\varphi(t)$ 的选择. 选择 $x=\varphi(t)$ 时除满足定理 2 的条件（1）外，还要考虑被积函数的特点.

3．分部积分法

设函数 $u=u(x)$，$v=v(x)$ 具有连续导数，由两个函数乘积的求导法则知

$$uv' = (uv)' - u'v .$$

对上式两边积分得

$$\int uv'\mathrm{d}x = \int (uv)'\mathrm{d}x - \int u'v\mathrm{d}x = uv - \int v\mathrm{d}u ,$$

即

$$\int u\mathrm{d}v = uv - \int v\mathrm{d}u .$$

上式称为分部积分公式. 它把求不定积分 $\int u\mathrm{d}v$ 转化为求不定积分 $\int v\mathrm{d}u$，当后者容易积分时，分部积分公式就显示出它的优越性了. 所以运用分部积分公式时，选取 u 和 $\mathrm{d}v$ 是关键，其选取的一般原则是：

（1）v 要容易求得；

（2）$\int v\mathrm{d}u$ 要比 $\int u\mathrm{d}v$ 容易积出.

◇ 例题解析

例 1　$\int \sec x\mathrm{d}x$.

解　（解法一）$\int \sec x\mathrm{d}x = \int \dfrac{1}{\cos x}\mathrm{d}x = \int \dfrac{\cos x}{\cos^2 x}\mathrm{d}x = \int \dfrac{1}{1-\sin^2 x}\mathrm{d}(\sin x)$

$$=\frac{1}{2}\ln\left|\frac{1+\sin x}{1-\sin x}\right|+C=\frac{1}{2}\ln\left|\frac{1+\sin x}{\cos x}\right|^2+C$$

$$=\ln\left|\frac{1+\sin x}{\cos x}\right|+C=\ln\left|\sec x+\tan x\right|+C.$$

（解法二）$\int \sec x\mathrm{d}x=\int\frac{\sec x(\sec x+\tan x)}{\sec x+\tan x}\mathrm{d}x=\int\frac{\sec^2 x+\sec x\tan x}{\sec x+\tan x}\mathrm{d}x$

$$=\int\frac{\mathrm{d}(\sec x+\tan x)}{\sec x+\tan x}=\ln\left|\sec x+\tan x\right|+C.$$

例 2　$\int\frac{1}{\sqrt{x^2-4x+8}}\mathrm{d}x$.

解　$\int\frac{1}{\sqrt{x^2-4x+8}}\mathrm{d}x=\int\frac{1}{\sqrt{(x-2)^2+4}}\mathrm{d}(x-2)=\ln\left|x-2+\sqrt{x^2-4x+8}\right|+C$.

例 3　$\int \mathrm{e}^{2x}\cos 3x\mathrm{d}x$.

解　因为

$$\int \mathrm{e}^{2x}\cos 3x\mathrm{d}x=\frac{1}{2}\int\cos 3x\mathrm{d}(\mathrm{e}^{2x})$$

$$=\frac{1}{2}\left[\mathrm{e}^{2x}\cos 3x+3\int \mathrm{e}^{2x}\sin 3x\mathrm{d}x\right]$$

$$=\frac{1}{2}\mathrm{e}^{2x}\cos 3x+\frac{3}{4}\left[\int\sin 3x\mathrm{d}(\mathrm{e}^{2x})\right]$$

$$=\frac{1}{2}\mathrm{e}^{2x}\cos 3x+\frac{3}{4}\left[\mathrm{e}^{2x}\sin 3x-3\int \mathrm{e}^{2x}\cos 3x\mathrm{d}x\right],$$

所以
$$\frac{13}{4}\int \mathrm{e}^{2x}\cos 3x\mathrm{d}x=\frac{1}{2}\mathrm{e}^{2x}\cos 3x+\frac{3}{4}\mathrm{e}^{2x}\sin 3x+C_1.$$

所以
$$\int \mathrm{e}^{2x}\cos 3x\mathrm{d}x=\frac{2}{13}\mathrm{e}^{2x}\cos 3x+\frac{3}{13}\mathrm{e}^{2x}\sin 3x+C\left(C=\frac{4}{13}C_1\right).$$

◇ 精选习题

一、判断题（正确的在括号里填√，错误的在括号里填×）

1. $\int xf'(x)\mathrm{d}x=\frac{1}{2}x^2 f(x)+C$.　（　　）
2. $\sec^2 x\mathrm{d}x=\mathrm{d}(\tan x)$.　（　　）
3. $\int(2x+3)^9\mathrm{d}x=\frac{1}{10}(2x+3)^{10}+C$.　（　　）
4. $\int\cos^2 x\sin x\mathrm{d}x=\int\cos^2 x\mathrm{d}(\cos x)$.　（　　）
5. $\int\frac{1}{9+4x^2}\mathrm{d}x=\frac{3}{2}\arctan\frac{2x}{3}+C$.　（　　）

二、填空题

1. $\int 3x^2\ln(x^3+1)\mathrm{d}x=$________________________.

2. $\int 2x\cdot 5^{2x^2}\mathrm{d}x=$________________________.

3. $\int \ln\frac{x}{2}\mathrm{d}x=$________________________.

4. $\int \frac{\sqrt{x-1}}{x}\mathrm{d}x=$________________________.

5. $\int x\mathrm{e}^{-x}\mathrm{d}x=$________________________.

三、选择题

1. 已知 $\int f(x)\mathrm{d}x=F(x)+C$，则 $\int 2xf(x^2)\mathrm{d}x$ 等于（　　）.

A. $F(x^2)$　　B. $F(x^2)+C$　　C. $f(x^2)$　　D. $f(x^2)+C$

2. $\int xf''(x)\mathrm{d}x$ 等于（　　）.

A. $\frac{1}{2}x^2f'(x)+C$　　B. $xf'(x)+C$

C. $xf'(x)-f(x)+C$　　D. $xf(x)-f(x)+C$

3. $f(x)$ 的一个原函数为 $\ln x$，则 $f'(x)=$（　　）.

A. $\frac{1}{x}$　　B. $x\ln x-x$　　C. $\frac{1}{x}$　　D. $-\frac{1}{x^2}$

4. $\int xf(x)\mathrm{d}x=x\cos x-\int\cos x\mathrm{d}x$，则 $f(x)=$（　　）.

A. $\sin x$　　B. $-\sin x$　　C. $\frac{\sin x}{x}$　　D. $\frac{\cos x}{x}$

5. $\int f'(\sqrt{x})\frac{1}{\sqrt{x}}\mathrm{d}x=$（　　）.

A. $f(\sqrt{x})+C$　　B. $f\left(\frac{1}{\sqrt{x}}\right)+C$　　C. $2f(\sqrt{x})+C$　　D. $2f\left(\frac{1}{\sqrt{x}}\right)+C$

四、解答题

1. 求下列函数的不定积分.

（1）$\int x\sqrt{2x^2+4}\,\mathrm{d}x$；　（2）$\int\frac{(\arcsin x)^2}{\sqrt{1-x^2}}\mathrm{d}x$；　（3）$\int\frac{x}{\sqrt{x-3}}\mathrm{d}x$；

（4）$\int\frac{\sqrt{x^2-2}}{x}\mathrm{d}x$；　（5）$\int\mathrm{e}^{2\sqrt{x}}\mathrm{d}x$.

2. 已知某曲线上任一点的二阶导数为 $y''=5x$，曲线在点 $(1,-2)$ 处的切线方程为 $x-2y+5=0$，求这条曲线的方程.

3. 一曲线通过点 $(\mathrm{e}^2,3)$，且在任意点处的切线斜率等于该点横坐标的倒数，求该曲线的方程.

4. 一物体由静止开始作直线运动，t s 后其速度为 $v=2t^2$，问：

（1）2 s 后该物体所经过的路程是多少？

（2）物体走完 500 m 需要多少时间？

5. 在下列各等式中填入适当的系数.

（1）$\mathrm{d}x=$ ________ $\mathrm{d}(2x+5)$；　　（2）$x\mathrm{d}x=$ ________ $\mathrm{d}(3x^2-4)$；

（3）$\mathrm{e}^{3x}\mathrm{d}x=$ ______ $\mathrm{d}\left(\dfrac{1}{2}\mathrm{e}^{3x}\right)$；　　（4）$\cos\dfrac{2}{3}x\mathrm{d}x=$ ______ $\mathrm{d}\left(\sin\dfrac{2}{3}x\right)$.

4.4　最简分式的积分举例与简易积分表的用法

◇ 主要内容

1. 有理函数的积分

有理函数是指由两个多项式的商所表示的函数，即具有如下形式的函数：

$$\frac{P(x)}{Q(x)}=\frac{a_0x^n+a_1x^{n-1}+\cdots+a_{n-1}x+a_n}{b_0x^m+b_1x^{m-1}+\cdots+b_{m-1}x+b_m},$$

其中 m 和 n 都是非负整数；$a_0,a_1,\cdots,a_n$ 及 $b_0,b_1,\cdots,b_m$ 都是实数，且 $a_0\neq0,b_0\neq0$.

我们总是假定在分子多项式 $P(x)$ 和分母多项式 $Q(x)$ 之间是没有公因式的. 若分子多项式 $P(x)$ 的次数大于或等于分母多项式 $Q(x)$ 的次数，则称有理函数 $\dfrac{P(x)}{Q(x)}$ 为有理假分式，否则称为有理真分式.

利用多项式的除法，总可以将一个假分式化为一个多项式与一个真分式之和的形式，于是有理函数的积分就可化为多项式的积分与有理真分式的积分，而多项式的积分易求，因此只需考虑有理真分式的积分.

有理真分式 $\dfrac{A}{(x-a)^n}$ 和 $\dfrac{Ax+B}{(x^2+px+q)^n}$（$n$ 为正整数，$p^2-4q<0$, A,B,p,q 都是常数）称为最简分式. 由代数学可知，任何有理真分式都可以分解为最简分式之和.

2. 简易积分表的用法

略.

◇ 例题解析

例 1 求 $\int\frac{3x-4}{4x^2+12x+11}\mathrm{d}x$.

解 $\int\frac{3x-4}{4x^2+12x+11}\mathrm{d}x=\frac{3}{8}\int\frac{8x+12}{4x^2+12x+11}\mathrm{d}x-\frac{17}{2}\int\frac{1}{4x^2+12x+11}\mathrm{d}x$

$=\frac{3}{8}\int\frac{\mathrm{d}(4x^2+12x+11)}{4x^2+12x+11}-\frac{17}{4}\int\frac{\mathrm{d}(2x+3)}{(2x+3)^2+2}$

$=\frac{3}{8}\ln\left|4x^2+12x+11\right|-\frac{17}{8}\arctan\frac{2x+3}{2}+C$.

例 2 求 $\int\frac{4x+2}{9x^2+12x-5}\mathrm{d}x$.

解 $\int\frac{4x+2}{9x^2+12x-5}\mathrm{d}x=\frac{2}{9}\int\frac{18x+12}{9x^2+12x-5}\mathrm{d}x-\frac{2}{3}\int\frac{1}{9x^2+12x-5}\mathrm{d}x$

$=\frac{2}{9}\int\frac{\mathrm{d}(9x^2+12x-5)}{9x^2+12x-5}-\frac{2}{9}\int\frac{\mathrm{d}(3x+2)}{(3x+2)^2-9}$

$=\frac{2}{9}\ln\left|9x^2+12x-5\right|-\frac{2}{9}\cdot\frac{1}{2\times3}\ln\left|\frac{3+(3x+2)}{3-(3x+2)}\right|+C$

$=\frac{2}{9}\ln\left|9x^2+12x-5\right|-\frac{1}{27}\ln\left|\frac{5+3x}{1-3x}\right|+C$.

例 3 求 $\int\frac{2x^2+1}{(3x-2)(4x^2+3)}\mathrm{d}x$

解 因为

$$\frac{2x^2+1}{(3x-2)(4x^2+3)}=\frac{A}{3x-2}+\frac{Bx+C}{4x^2+3},$$

所以
$$\frac{2x^2+1}{(3x-2)(4x^2+3)}=\frac{(4A+3B)x^2+(-2B+3C)x+(3A-2C)}{(3x-2)(4x^2+3)}.$$

所以
$$2x^2+1=(4A+3B)x^2+(-2B+3C)x+(3A-2C).$$

所以
$$\begin{cases}4A+3B=2\\-2B+3C=0.\\3A-2C=1\end{cases}$$

解得 $A=\frac{17}{43},B=\frac{6}{43},C=\frac{4}{43}$. 即

$$\frac{2x^2+1}{(3x-2)(4x^2+3)}=\frac{\frac{17}{43}}{3x-2}+\frac{\frac{6}{43}x+\frac{4}{43}}{4x^2+3}.$$

所以

$$\int\frac{2x^2+1}{(3x-2)(4x^2+3)}\mathrm{d}x=\frac{17}{43}\int\frac{1}{3x-2}\mathrm{d}x+\frac{1}{43}\int\frac{6x+4}{4x^2+3}\mathrm{d}x$$

$$=\frac{17}{43}\cdot\frac{1}{3}\int\frac{1}{3x-2}\mathrm{d}(3x-2)+\frac{1}{43}\cdot\frac{3}{4}\int\frac{8x+\frac{16}{3}}{4x^2+3}\mathrm{d}x$$

$$=\frac{17}{129}\ln|3x-2|+\frac{3}{172}\left(\int\frac{8x}{4x^2+3}\mathrm{d}x+\frac{16}{3}\int\frac{1}{4x^2+3}\mathrm{d}x\right)$$

$$=\frac{17}{129}\ln|3x-2|+\frac{3}{172}\left(\ln(4x^2+3)+\frac{16}{3}\cdot\frac{\sqrt{3}}{6}\arctan\frac{2\sqrt{3}}{3}\right)$$

$$=\frac{17}{129}\ln|3x-2|+\frac{3}{172}\left(\ln(4x^2+3)+\frac{16\sqrt{3}}{18}\arctan\frac{2\sqrt{3}}{3}\right).$$

例 4 求 $\int\frac{4x^3+20x^2+38x+18}{4x^2+12x+11}\mathrm{d}x$.

解 用多项式的除法得

$$\frac{4x^3+20x^2+38x+18}{4x^2+12x+11}=x+2+\frac{3x-4}{4x^2+12x+11}$$

由积分性质和例 1 得

$$\int\frac{4x^3+20x^2+38x+18}{4x^2+12x+11}\mathrm{d}x=\int(x+2)\mathrm{d}x+\int\frac{3x-4}{4x^2+12x+11}\mathrm{d}x$$

$$=\frac{1}{2}x^2+2x+\frac{3}{8}\ln\left|4x^2+12x+11\right|-\frac{17}{8}\arctan\frac{2x+3}{2}+C.$$

例 5 查表求 $\int\frac{1}{x(2+3x)}\mathrm{d}x$.

解 被积函数含有 $ax+b$，其中 $a=3,\ b=2$，由公式（5）得

$$\int\frac{\mathrm{d}x}{x(2+3x)}=-\frac{1}{2}\ln\left|\frac{2+3x}{x}\right|+C.$$

例 6 查表求 $\int\frac{x^2\mathrm{d}x}{\sqrt{4+5x}}$.

解 被积函数含有 $\sqrt{ax+b}$，其中 $a=5,\ b=4$，由公式（14）得

$$\int\frac{x^2\mathrm{d}x}{\sqrt{4+5x}}=\frac{2(3\times5^2x^2-4\times5\times4x+8\times4^2)}{15\times5^3}\sqrt{4+5x}+C$$

$$=-\frac{150x^2-160x+256}{1875}\sqrt{4+5x}+C.$$

例 7 查表求 $\int\frac{\mathrm{d}x}{x^2\sqrt{9-x^2}}$.

解 被积函数含有 $\sqrt{a^2-x^2}$，其中 $a=3$，由公式（66）得

$$\int\frac{\mathrm{d}x}{x^2\sqrt{9-x^2}}=-\frac{\sqrt{9-x^2}}{9x}+C.$$

例 8 查表求$\int\frac{dx}{3+2\sin x}$.

解 被积函数含有三角函数，其中$a=3,\ b=2$，由公式（103）得

$$\int\frac{dx}{3+2\sin x}=\frac{2}{\sqrt{3^2-2^2}}\arctan\frac{3\tan\frac{x}{2}+2}{\sqrt{3^2-2^2}}+C$$

$$=\frac{2}{\sqrt{5}}\arctan\frac{3\tan\frac{x}{2}+2}{\sqrt{5}}+C.$$

例 9 查表求$\int x^3\ln x dx$.

解 被积函数含有对数函数，其中$n=3$，由公式（134）得

$$\int x^3\ln x dx=\frac{1}{4}x^4\ln x-\frac{1}{4}+C.$$

◇ 精选习题

一、判断题（正确的在括号里填√，错误的在括号里填×）

1. 有理函数是指由两个多项式的商所表示的函数. （ ）
2. 任何一个有理假分式，用多项式的除法总可以化为一个多项式与一个真分式之和. （ ）
3. 由代数学可知，任何有理真分式都可以分解为最简分式之和. （ ）
4. $\frac{3x-2}{(x-1)(x+3)}=\frac{\frac{11}{4}}{x-1}+\frac{\frac{1}{4}}{x+3}$. （ ）
5. 任何一个函数的不定积分都可在简易积分表中查到. （ ）

二、填空题

1. 若$\frac{1}{x^2+px+q}$为最简分式，则p,q满足关系式__________.
2. 二次三项式ax^2+bx+c为质因式的条件是a,b,c满足关系式__________.
3. 有理真分式$\frac{1}{x^2-2x+3}$________最简分式（填：是或不是）.
4. 用多项式除法将$\frac{3x^3+2x^2-x+2}{x^2-3}$化成一个多项式和一个真分式之和，其结果是__________.
5. 将$\frac{1}{(x-1)(x+2)}$化成最简分式之和，其结果是__________.

三、选择题

1. 分式 $\dfrac{2x+1}{(x+1)(x+2)}$ 化为最简分式的形式为（ ）.

A. $\dfrac{2x}{x+1}+\dfrac{1}{x+2}$ B. $\dfrac{1}{x+1}+\dfrac{2x}{x+2}$

C. $\dfrac{-1}{x+1}+\dfrac{3}{x+2}$ D. $\dfrac{3}{x+1}+\dfrac{-1}{x+2}$

2. 分式 $\dfrac{2x+1}{(x+1)^2(x+2)^2}$ 化为最简分式的形式为（ ）.

A. $\dfrac{A}{x+1}+\dfrac{B}{x+2}$ B. $\dfrac{A}{(x+1)^2}+\dfrac{B}{(x+2)^2}$

C. $\dfrac{A}{x+1}+\dfrac{B}{(x+1)^2}+\dfrac{C}{x+2}+\dfrac{D}{(x+2)^2}$ D. 以上结论都不对

3. $\int\dfrac{1}{x^2+5x+6}\mathrm{d}x$ 的结果错误的是（ ）.

A. $\ln|x+2|-\ln|x+3|+C$ B. $\ln\left|\dfrac{x+2}{x+3}\right|+C$

C. $\ln|x^2+5x+6|+C$ D. $\ln\left|\dfrac{x+3}{x+2}\right|+C$

4. $\int\dfrac{1}{x^2+2x+5}\mathrm{d}x$ 的结果正确的是（ ）.

A. $\dfrac{1}{2}\arctan(x+1)+C$ B. $\arctan\dfrac{x+1}{2}+C$

C. $\dfrac{1}{2}\ln\left|\dfrac{x+1}{2}\right|+C$ D. $\dfrac{1}{2}\arctan\dfrac{x+1}{2}+C$

5. $\int\dfrac{2x+1}{x^2-4x+3}\mathrm{d}x$ 的结果正确的是（ ）.

A. $\ln(x^2-4x+3)+5\ln\left|\dfrac{x-3}{x-4}\right|+C$ B. $\ln|x^2-3x+4|+\ln\left|\dfrac{x-3}{x-4}\right|+C$

C. $\arctan(x^2-4x+3)+5\ln\left|\dfrac{x-3}{x-4}\right|+C$ D. $\ln|x^2-3x+4|+\arctan\left|\dfrac{x-3}{x-4}\right|+C$

四、解答题

1. 将下列有理真分式化为最简分式.

（1）$\dfrac{x^2-2x+3}{(x+1)^2(x+2)}$； （2）$\dfrac{x^2+4}{(2x-1)(x^2+3x+10)}$.

2. 将下列有理分式化为最简分式.

（1）$\dfrac{3x^3-5x^2+2x+1}{x^2+5}$； （2）$\dfrac{x^4+1}{x^2+1}$；

（3）$\dfrac{3x^4-3x+2}{x^3-1}$；　　（4）$\dfrac{2x^3-3x^2+4x+5}{(x+1)(x^2+1)}$.

3. 用多项式除法将下列有理函数化为一个多项式和一个有理真分式之和.

（1）$\dfrac{3x^2+4x-2}{4x-3}$；　　（2）$\dfrac{5x^3+3x-6}{3x^2-2x+2}$；

（3）$\dfrac{3x^5-4x^3+6x^2-3}{x^3-2x}$.

4. 求下列不定积分.

（1）$\int\dfrac{3x+2}{(x+2)(x-3)}\mathrm{d}x$；　　（2）$\int\dfrac{x^4+1}{x^2+1}\mathrm{d}x$；

（3）$\int\dfrac{3x-2}{x^2+2x+4}\mathrm{d}x$；　　（4）$\int\dfrac{1}{(x^2+1)(x^2+x)}\mathrm{d}x$；

（5）$\int\dfrac{x^5+x^4-8}{x^3-4x}\mathrm{d}x$.

5. 查表求下列积分.

（1）$\int\dfrac{x\mathrm{d}x}{5+4x}$；　　（2）$\int\dfrac{x\mathrm{d}x}{\sqrt{5+4x}}$；　　（3）$\int\dfrac{x\mathrm{d}x}{2+4x^2}$；

（4）$\int\sqrt{9-x^2}\mathrm{d}x$；　　（5）$\int\dfrac{x^2\mathrm{d}x}{\sqrt{x^2-4}}$；　　（6）$\int\dfrac{\mathrm{d}x}{\sqrt{3+4x-5x^2}}$；

（7）$\int\sin^2 x\mathrm{d}x$；　　（8）$\int x\arccos\dfrac{x}{a}\mathrm{d}x$；　　（9）$\int \mathrm{e}^{2x}\sin 3x\mathrm{d}x$；

（10）$\int\dfrac{1}{x\ln x}\mathrm{d}x$；　　（11）$\int\dfrac{\mathrm{d}x}{3+2\cos x}$；　　（12）$\int(2\sin 3x+3\cos 2x)\mathrm{d}x$.

第5章
一元函数的定积分

5.1 定积分的概念

◇ 主要内容

1. 定积分的定义

按“分割、近似、求和、取极限”的步骤，引入定积分的概念.

定义 设函数 $y=f(x)$ 在区间 $[a,b]$ 上连续，用分点

$$a=x_0<x_1<x_2<\cdots<x_{i-1}<x_i<\cdots<x_{n-1}<x_n=b$$

把区间 $[a,b]$ 分成 n 个小区间 $[x_{i-1},x_i]\,(i=1,2,\cdots,n)$，第 i 个小区间的长度为

$$\Delta x_i=x_i-x_{i-1}(i=1,2,\cdots,n),$$

在每个小区间 $[x_{i-1},x_i]$ 上，任取一点 $\xi_i\ (x_{i-1}\leqslant\xi_i\leqslant x_i)$，作乘积 $f(\xi_i)\Delta x_i$ 的和式 $\sum\limits_{i=1}^{n}f(\xi_i)\Delta x_i$，如果所有小区间长度的最大值 $\|\Delta x\|$ 趋近于零，即 $\|\Delta x\|\to 0$ 时，和式 $\sum\limits_{i=1}^{n}f(\xi_i)\Delta x_i$ 的极限存在（此极限与 $[a,b]$ 的分法和 ξ_i 的取法无关），则称函数 $y=f(x)$ 在区间 $[a,b]$ 上可积，并把此极限值叫做函数 $y=f(x)$ 在区间 $[a,b]$ 上的**定积分**，记作

$$\int_a^b f(x)\mathrm{d}x\,,$$

即

$$\int_a^b f(x)\mathrm{d}x=\lim_{\|\Delta x\|\to 0}\sum_{i=1}^{n}f(\xi_i)\Delta x_i\,,$$

其中 $f(x)$ 叫做被积函数，x 叫做**积分变量**，$f(x)\mathrm{d}x$ 叫做**被积表达式**，a 叫做**积分下限**，b 叫做**积分上限**，区间 $[a,b]$ 叫做**积分区间**.

根据定积分的定义，由连续曲线 $y=f(x)$（$f(x)\geqslant 0$），直线 $x=a,x=b$ 和 x 轴所围成的曲边梯形的面积可表示为

$$A=\int_a^b f(x)\mathrm{d}x\,.$$

物体以变速 $v=v(t)\ (v(t)\geqslant 0)$ 作直线运动，从时刻 $t=a$ 到时刻 $t=b$ 所走过的路程可表示为

$$S=\int_a^b v(t)\mathrm{d}t\,.$$

由定积分的定义可知：

（1）$\int_a^b f(x)\mathrm{d}x$ 是一个数，它只取决于被积函数和积分区间，而与表示积分变量所用的字母无关，即 $\int_a^b f(x)\mathrm{d}x=\int_a^b f(t)\mathrm{d}t=\int_a^b f(u)\mathrm{d}u$.

（2）补充规定：$\int_a^b f(x)\mathrm{d}x = -\int_b^a f(x)\mathrm{d}x$；

$\int_a^a f(x)\mathrm{d}x = 0$．

2．定积分的几何意义

（1）当 $f(x) \geqslant 0$ 时，定积分 $\int_a^b f(x)\mathrm{d}x$ 表示由连续曲线 $y = f(x)$，直线 $x = a, x = b$ 与 x 轴所围成的曲边梯形的面积，即

$$\int_a^b f(x)\mathrm{d}x = A .$$

（2）如图 5.1-1 所示，$f(x) \leqslant 0$ 时，定积分 $\int_a^b f(x)\mathrm{d}x$ 表示由连续曲线 $y = f(x)$，直线 $x = a, x = b$ 与 x 轴所围成的曲边梯形的面积的负值，即

$$\int_a^b f(x)\mathrm{d}x = -A .$$

（3）如图 5.1-2 所示，若 $f(x)$ 在 $[a,b]$ 上有正有负，定积分 $\int_a^b f(x)\mathrm{d}x$ 表示由曲线 $y = f(x)$，直线 $x = a, x = b$ 与 x 轴所围成的各部分面积的代数和，即

$$\int_a^b f(x)\mathrm{d}x = -A_1 + A_2 - A_3 .$$

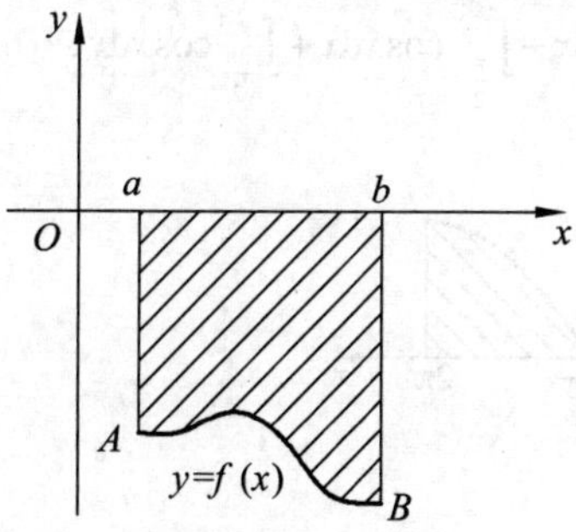

图 5.1-1

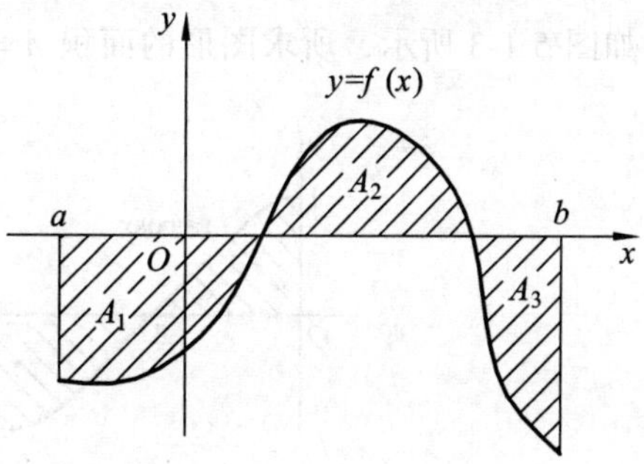

图 5.1-2

总之，定积分 $\int_a^b f(x)\mathrm{d}x$ 在各种实际问题中所代表的实际意义不同，但它的值在几何图形上都可用曲边梯形的面积的代数和来表示，这就是定积分的几何意义．

3．定积分的性质

设下列性质中各定积分都存在．

性质 1　$\int_a^b [f(x) \pm g(x)]\mathrm{d}x = \int_a^b f(x)\mathrm{d}x \pm \int_a^b g(x)\mathrm{d}x$．

性质 2　$\int_a^b kf(x)\mathrm{d}x = k\int_a^b f(x)\mathrm{d}x$．

性质 3　若 $a<c<b$，则 $\int_a^b f(x)\mathrm{d}x=\int_a^c f(x)\mathrm{d}x+\int_c^b f(x)\mathrm{d}x$.

注意：当 c 在 $[a,b]$ 之外时，性质 3 也成立.

性质 3 表明定积分对积分区间具有可加性.

性质 4（积分的比较性质）设 $f(x)$ 在 $[a,b]$ 上积分存在，若 $f(x)\geqslant g(x)$，则

$$\int_a^b f(x)\mathrm{d}x\geqslant\int_a^b g(x)\mathrm{d}x.$$

性质 5（积分的估值性质）设 M,m 分别是 $f(x)$ 在 $[a,b]$ 上的最大值和最小值，则

$$m(b-a)\leqslant\int_a^b f(x)\mathrm{d}x\leqslant M(b-a).$$

性质 6（积分中值定理）设 $f(x)$ 在 $[a,b]$ 上连续，则至少存在一点 $\xi\in[a,b]$，使得

$$\int_a^b f(x)\mathrm{d}x=f(\xi)(b-a).$$

通常称 $\frac{1}{b-a}\int_a^b f(x)\mathrm{d}x$ 为 $f(x)$ 在区间 $[a,b]$ 上的积分平均值.

◇ 例题解析

例 1　根据定积分的几何意义，用定积分表示由曲线 $y=\cos x$，$0\leqslant x\leqslant 2\pi$ 及 x 轴所围成的图形的面积.

解　如图 5.1-3 所示，所求图形的面积 $A=\int_0^{\frac{\pi}{2}}\cos x\mathrm{d}x-\int_{\frac{\pi}{2}}^{\frac{3\pi}{2}}\cos x\mathrm{d}x+\int_{\frac{3\pi}{2}}^{2\pi}\cos x\mathrm{d}x$.

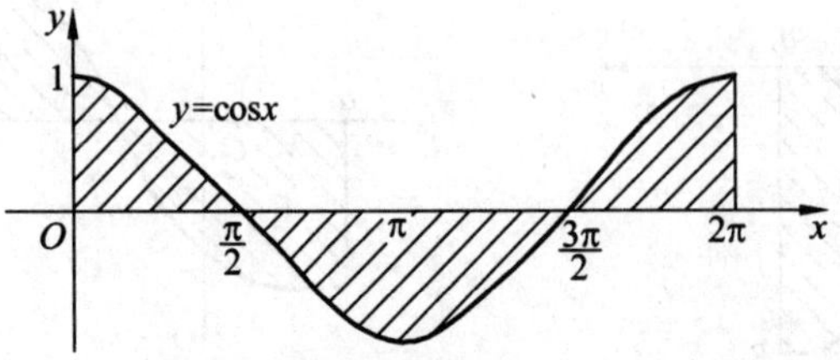

图 5.1-3

例 2　利用定积分的比较性质，判断下列各组定积分的大小.

（1）$\int_0^1 x^2\mathrm{d}x$ 与 $\int_0^1 x^3\mathrm{d}x$；　（2）$\int_0^{\frac{\pi}{2}} x\mathrm{d}x$ 与 $\int_0^{\frac{\pi}{2}}\sin x\mathrm{d}x$.

解（1）因为在 $[0,1]$ 上，$x^2\geqslant x^3$，所以由积分的比较性质得

$$\int_0^1 x^2\mathrm{d}x\geqslant\int_0^1 x^3\mathrm{d}x.$$

（2）因为在 $[0,1]$ 上，$x\geqslant\sin x$，所以由积分的比较性质得

$$\int_0^{\frac{\pi}{2}} x\mathrm{d}x\geqslant\int_0^{\frac{\pi}{2}}\sin x\mathrm{d}x.$$

例 3　利用积分的估值性质，估计下列各定积分的值.

（1）$\int_0^2 (x^2+1)\mathrm{d}x$；　　　　　（2）$\int_0^{\frac{\pi}{2}} 2^{\sin x}\mathrm{d}x$.

解　（1）因为在 $[0,2]$ 上，$1 \leqslant x^2+1 \leqslant 5$，所以

$$1\times(2-0) \leqslant \int_0^2 (x^2+1)\mathrm{d}x \leqslant 5\times(2-0),$$

即
$$2 \leqslant \int_0^2 (x^2+1)\mathrm{d}x \leqslant 10.$$

（2）因为在 $\left[0,\frac{\pi}{2}\right]$ 上，$2^0 \leqslant 2^{\sin x} \leqslant 2^1$，所以

$$1\times\left(\frac{\pi}{2}-0\right) \leqslant \int_0^{\frac{\pi}{2}} 2^{\sin x}\mathrm{d}x \leqslant 2\times\left(\frac{\pi}{2}-0\right),$$

即
$$\frac{\pi}{2} \leqslant \int_0^{\frac{\pi}{2}} 2^{\sin x}\mathrm{d}x \leqslant \pi.$$

例 4　利用积分中值定理，求下列函数满足条件的 ξ.

（1）$f(x)=x^2$，$x\in[1,3]$；　　　　（2）$f(x)=2^x$，$x\in[0,2]$.

解　（1）因为

$$\frac{1}{3-1}\int_1^3 x^2\mathrm{d}x = \frac{13}{3},$$

所以令
$$f(\xi)=\xi^2=\frac{13}{3},$$

解得 $\xi=\pm\sqrt{\frac{13}{3}}$. 因为只有 $\sqrt{\frac{13}{3}}\in[1,3]$，所以满足条件的 $\xi=\sqrt{\frac{13}{3}}$.

（2）因为

$$\frac{\int_0^2 2^x\mathrm{d}x}{2-0} = \frac{\frac{2^2-2^0}{\ln 2}}{2-0} = \frac{3}{2\ln 2},$$

故令
$$f(\xi)=2^{\xi}=\frac{3}{2\ln 2}.$$

解得 $\xi=\log_2\frac{3}{2\ln 2}\in[0,2]$.

◇ 精选习题

一、判断题（正确的在括号里填√，错误的在括号里填×）

1．$\int_2^2 x^2\mathrm{d}x=0$．　　（　　）

2．$\int_{-2}^3 (3x^2+1)\mathrm{d}x=-\int_3^{-2}(3x^2+1)\mathrm{d}x$．　　（　　）

3．若在区间 $[a,b]$ 上，$f(x)<0$，则 $\int_a^b f(x)\mathrm{d}x<0$．　　（　　）

4. 由曲线 $y=\sin x$，直线 $x=0, x=2\pi$ 所围成的平面图形的面积为 $\int_0^{2\pi}\sin x\mathrm{d}x$. (　　)

5. 作变速直线运动的物体所经过的路程等于其速度函数 $v=v(t)$ 在时间间隔 $[a,b]$ 上的定积分 $S=\int_a^b v(t)\mathrm{d}t$. (　　)

二、填空题

1. 若函数在区间 $[a,b]$ 上连续，且 $f(x)\leqslant 0$，则定积分 $\int_a^b f(x)\mathrm{d}x$ 表示由曲线 $y=f(x)$，直线 $x=a, x=b$ 与 x 轴所围成的曲边梯形的面积 $A=$ __________.

2. 由曲线 $y=x^3$ 和直线 $x=-1,\ x=0$ 所围成的平面图形的面积 $A=$ __________.

3. 由曲线 $y=\sin x$ 和直线 $x=0, x=2\pi$ 所围成的平面图形的面积 $A=$ __________.

4. 在 $[a,b]$ 上，若 $f(x)\geqslant g(x)\geqslant 0$，则由曲线 $y=f(x)$，$y=g(x)$ 及直线 $x=a, x=b$ 所围成的平面图形的面积 $A=$ __________.

5. 用定积分的几何意义计算 $\int_1^3(2x+1)\mathrm{d}x$ 的结果是__________.

三、选择题

1. 由曲线 $y=x^3$ 和直线 $x=-1, x=1$ 所围成的平面图形的面积 A 为（　　）.

A. $\int_{-1}^1 x^3\mathrm{d}x$　　B. $\int_{-1}^0 x^3\mathrm{d}x+\int_0^1 x^3\mathrm{d}x$

C. $\int_{-1}^0 x^3\mathrm{d}x-\int_0^1 x^3\mathrm{d}x$　　D. $\int_0^1 x^3\mathrm{d}x-\int_{-1}^0 x^3\mathrm{d}x$

2. 由曲线 $y=x^2$ 和直线 $x=-1$，$x=1$ 所围成的平面图形的面积为 S. 下列结论错误的是（　　）.

A. $S=\int_{-1}^1 x^2\mathrm{d}x$　　B. $S=\int_{-1}^0 x^2\mathrm{d}x+\int_0^1 x^2\mathrm{d}x$

C. $S=\int_{-1}^0 x^2\mathrm{d}x+\int_0^1 x^2\mathrm{d}x$　　D. $S=\int_0^1 x^2\mathrm{d}x-\int_{-1}^0 x^2\mathrm{d}x$

3. 利用定积分的几何意义，判断下列等式不正确的是（　　）.

A. $\int_{-2}^2 x^2\mathrm{d}x=2\int_0^2 x^2\mathrm{d}x$　　B. $\int_{-2}^2 x^3\mathrm{d}x=2$

C. $\int_a^b f(x)\mathrm{d}x<0$（在 $[a,b]$ 上 $f(x)<0$）　　D. $\int_{-\pi}^{\pi}\sin x\mathrm{d}x=2\int_0^{\pi}\sin x\mathrm{d}x$

4. 利用定积分的几何意义，判断下列等式不正确的是（　　）.

A. $\int_0^R\sqrt{R^2-x^2}\mathrm{d}x=\frac{\pi R^2}{2}$　　B. $\int_{-R}^R\sqrt{R^2-x^2}\mathrm{d}x=\frac{\pi R^2}{2}$

C. $\int_{-R}^R\sqrt{R^2-x^2}\mathrm{d}x=\pi R^2$　　D. $\int_0^R\sqrt{R^2-x^2}\mathrm{d}x=\pi R^2$

5. 下列说法不正确的是（　　）.

A. 定积分 $\int_a^b f(x)\mathrm{d}x$ 的值与积分变量无关，只与函数 $f(x)$ 和区间 $[a,b]$ 有关

B. 若 $f(x)$ 在 $[a,b]$ 上连续，则 $f(x)$ 在 $[a,b]$ 上可积

C. 若函数 $f(x)$ 在闭区间 $[-a,a]$ 上连续且为奇函数，根据定积分的几何意义得 $\int_{-a}^{a} f(x)\mathrm{d}x = 0$

D. 函数在 $[a,b]$ 上的定积分就是由曲线 $y=f(x)$ 和直线 $x=a$ 和 $x=b$ 所围成的平面图形的面积

四、解答题

1. 叙述定积分的几何意义.

2. 物体以速度 $v=2t+1$ 作直线运动，用定积分表示该物体在时间区间 $[0,3]$ 内所经过的路程，并说明这定积分的几何意义，用其几何意义算出这定积分的值.

3. 用定积分表示由曲线 $y=x^2+1$，直线 $x=0, x=2$ 及 x 轴所围成的曲边梯形的面积 A.

4. 利用定积分的几何意义说明下列等式：

（1）$\int_0^{2\pi} \sin x\mathrm{d}x = 0$；　（2）$\int_{-2}^{2} (x^2+1)\mathrm{d}x = 2\int_0^2 (x^2+1)\mathrm{d}x$；　（3）$\int_0^4 \sqrt{16-x^2}\mathrm{d}x = 4\pi$

5. 设 $f(x)$ 为区间 $[a,b]$ 上的单调增加的连续函数，证明：

$$f(a)(b-a) \leqslant \int_a^b f(x)\mathrm{d}x \leqslant f(b)(b-a).$$

5.2　微积分基本公式

◇ 主要内容

1. 积分上限函数及其导数

设函数 $f(x)$ 在区间 $[a,b]$ 上连续，x 为 $[a,b]$ 上一点，函数 $\Phi(x)=\int_a^x f(t)\mathrm{d}t$ 称为积分上限函数或变上限函数.

定理 1　函数 $f(x)$ 在区间 $[a,b]$ 上连续，则积分上限函数 $\Phi(x)=\int_a^x f(t)\mathrm{d}t$ 可导，它的导数是 $\Phi'(x)=\dfrac{\mathrm{d}}{\mathrm{d}x}\int_a^x f(t)\mathrm{d}t = f(x)\ (a \leqslant x \leqslant b)$.

推论 1　**（原函数存在定理）** 若函数 $f(x)$ 在区间 $[a,b]$ 上连续，则 $f(x)$ 的原函数一定存在，且其中的一个原函数为

$$\Phi(x)=\int_a^x f(t)\mathrm{d}t.$$

推论 2　设 $\Phi(x)=\int_a^{\varphi(x)} f(t)\mathrm{d}t$，$f(t)$ 在 $[a,b]$ 上连续，$\varphi(x)$ 可微，且 $a \leqslant \varphi(x) \leqslant b$，则

$$\Phi'(x)=f[\varphi(x)]\varphi'(x).$$

2．微积分基本公式

定理 2 设函数 $F(x)$ 是连续函数 $f(x)$ 在区间 $[a,b]$ 上的一个原函数，则

$$\int_a^b f(x)\mathrm{d}x = F(x)\Big|_a^b = F(b)-F(a). \qquad (5.2\text{-}1)$$

公式（5.2-1）称为**牛顿-莱布尼兹（Newton-Leibniz）公式**，也称为微积分基本公式.

这个公式说明，计算定积分 $\int_a^b f(x)\mathrm{d}x$，先求出 $f(x)$ 的任意一个原函数 $F(x)$，再计算 $F(x)$ 在积分上限 b 与积分下限 a 处的函数值之差 $F(b)-F(a)$.

用牛顿-莱布尼兹公式时，先用求不定积分的方法求出一个原函数，再进行计算.

◇ 例题解析

例 1 求下列函数的导数.

（1）$\varphi(x)=\int_2^{x^2}\ln t\mathrm{d}t$；（2）$\varphi(x)=\int_{x^2+2x}^{3}\dfrac{\theta}{\cos\theta}\mathrm{d}\theta$；

（3）$\varphi(x)=\int_{2x}^{x^3}\dfrac{1}{\sin^2 t}\mathrm{d}t$.

解 （1）$\varphi'(x)=\dfrac{\mathrm{d}}{\mathrm{d}x}\int_2^{x^2}\ln t\mathrm{d}t=\ln(x^2)(x^2)'=2x\ln(x^2)$.

（2）因为 $\varphi(x)=\int_{x^2+2x}^{3}\dfrac{\theta}{\cos\theta}\mathrm{d}\theta$，所以

$$\varphi'(x)=-\frac{x^2+2x}{\cos(x^2+2x)}(x^2+2x)'=-\frac{x^2+2x}{\cos(x^2+2x)}(2x+2)$$

$$=-\frac{(2x+2)(x^2+2x)}{\cos(x^2+2x)}.$$

（3）因为

$$\int_{2x}^{x^3}\frac{1}{\sin^2 t}\mathrm{d}t=\int_{2x}^{1}\frac{1}{\sin^2 t}\mathrm{d}t+\int_1^{x^2}\frac{1}{\sin^2 t}\mathrm{d}t=-\int_1^{2x}\frac{1}{\sin^2 t}\mathrm{d}t+\int_1^{x^2}\frac{1}{\sin^2 t}\mathrm{d}t,$$

所以

$$\varphi'(x)=-\frac{1}{\sin^2 2x}(2x)'+\frac{1}{\sin^2(x^2)}(x^2)'=-\frac{2}{\sin^2 2x}+\frac{2x}{\sin^2(x^2)}.$$

例 2 求 $\lim\limits_{x\to 0}\dfrac{1}{x^2}\int_0^x\ln(1+t)\mathrm{d}t$.

解 当 $x\to 0$ 时，此极限为 $\dfrac{0}{0}$ 型不定式，利用洛比达法则，有

$$\lim_{x\to 0}\frac{\int_0^x \ln(1+t)\mathrm{d}t}{x^2}=\lim_{x\to 0}\frac{\ln(1+x)}{2x}=\frac{1}{2}\lim_{x\to 0}\ln(1+x)^{\frac{1}{x}}=\frac{1}{2}\ln \mathrm{e}=\frac{1}{2}.$$

例 3　设 $f(x)=\begin{cases}x^2+2,\ 0\leqslant x\leqslant 2\\ 3-2x,\ x>2\end{cases}$，求 $\int_0^4 f(x)\mathrm{d}x$.

解　$\int_0^4 f(x)\mathrm{d}x=\int_0^2 f(x)\mathrm{d}x+\int_2^4 f(x)\mathrm{d}x=\int_0^2 (x^2+2)\mathrm{d}x+\int_2^4 (3-2x)\mathrm{d}x$

$$=\left(\frac{1}{3}x^3+2x\right)\Big|_0^2=+(3x-x^2)\Big|_2^4=\frac{2}{3}.$$

◇ 精选习题

一、判断题（正确的在括号里填√，错误的在括号里填×）

1. $\int_0^{\frac{\pi}{2}}(\sin x+1)\mathrm{d}x=\int_0^{\frac{\pi}{2}}\sin x\mathrm{d}x+1$.　(　　)
2. $\int_0^{\pi}x^2\sin x\mathrm{d}x=\int_0^{\pi}x^2\mathrm{d}x\int_0^{\pi}\sin x\mathrm{d}x$.　(　　)
3. $\int_a^b f'(x)\mathrm{d}x=f(b)-f(a)$.　(　　)
4. $\int_1^3 x^3\mathrm{d}x=\int_1^2 x^3\mathrm{d}x+\int_2^3 x^3\mathrm{d}x$.　(　　)
5. $\left(\int_1^x x\sin t\mathrm{d}t\right)'=x\sin x$.　(　　)

二、填空题

1. $F(x)\big|_a^b=$________________，$[kF(x)]_a^b=$____________________.
2. $\int_a^b \mathrm{d}x=$________________，$\int_a^b x\mathrm{d}x=$__________________.
3. $\int_0^{\frac{\pi}{2}}(\cos x+2)\mathrm{d}x=$________________.
4. $\int_1^4 |x-2|\mathrm{d}x=$________________.
5. $\frac{\mathrm{d}}{\mathrm{d}x}\left(\int_{-x}^1 \mathrm{d}t\right)=$________________，$\int_0^{x^2}\mathrm{e}^{t^2}\mathrm{d}t=$__________________.

三、选择题

1. $\int_2^8\left(\frac{1}{\sqrt{x}}+2\right)\mathrm{d}x$ 的值是（　　）.

A. $2\sqrt{2}+6$　　B. $2\sqrt{2}+2$　　C. $2\sqrt{2}+12$　　D. 以上都不对

2. $[3x^2+2]_0^2$ 的值是（　　）.

A. 12　　B. 14　　C. 16　　D. 以上都不对

3. $\int_{-2}^2 x^5\mathrm{d}x$ 的值是（　　）.

A. $\frac{1}{6}$　　B. $\frac{1}{32}$　　C. 0　　D. 以上都不对

4. $\int_{\frac{\sqrt{3}}{3}}^{\sqrt{3}} \frac{1}{1+x^2} \mathrm{d}x$ 的值是（　　）.

A. $\frac{\pi}{3}$　　B. $\frac{\pi}{6}$　　C. $\frac{2\pi}{3}$　　D. 以上都不对

5. $\left(\int_{\frac{\pi}{2}}^{x^2} t\sin t \mathrm{d}t\right)'$ 的结果是（　　）.

A. $x\sin(x^2)$　　B. $2x^2\sin(x^2)-\cos(x^2)$

C. $x\sin(x^2)-x$　　D. $x\cos(x^2)-x$

四、解答题

1. 计算下列定积分.

（1）$\int_4^9 \sqrt{x}(1+\sqrt{x})\mathrm{d}x$；　（2）$\int_1^2 \left(x^2+\frac{1}{x^2}\right)\mathrm{d}x$；　（3）$\int_{-2}^{2} |x-1| \mathrm{d}x$；

（4）$\int_0^{2\pi} \sqrt{1-\cos 2x}\mathrm{d}x$；　（5）$\int_2^{\pi} \cos^2 \frac{x}{2} \mathrm{d}x$；　（6）$\int_0^{\frac{1}{2}} \frac{1}{\sqrt{1-x^2}} \mathrm{d}x$；

（7）$\int_0^{\frac{\pi}{4}} \tan^2\theta \mathrm{d}\theta$；　（8）$\int_{-1}^{0} \frac{3x^4+3x^2+1}{x^2+1} \mathrm{d}x$；　（9）$\int_{\frac{\pi}{6}}^{\frac{\pi}{3}} \frac{1}{\sin^2 x\cos^2 x} \mathrm{d}x$.

（10）设 $f(x)=\begin{cases} x^2+1, -2 \leqslant x \leqslant 0 \\ 1-x, \ 0 \leqslant x \leqslant 2 \end{cases}$，求 $\int_{-1}^{1} f(x)\mathrm{d}x$.

（11）设 $f(x)=\begin{cases} 4x-1, \ x<\frac{\pi}{2} \\ \sin x, \quad x>\frac{\pi}{2} \end{cases}$，求 $\int_0^{\pi} f(x)\mathrm{d}x$

2. 求下列函数的导数.

（1）$y=\frac{\mathrm{d}}{\mathrm{d}x}\int_{-x}^{x} \sin t \mathrm{d}t$；　（2）$y=\frac{\mathrm{d}}{\mathrm{d}x}\int_1^x \sqrt{1-x^2}\mathrm{d}t$；　（3）$y=\frac{\mathrm{d}}{\mathrm{d}x}\int_0^{x^2} \sqrt{1+t^2}\mathrm{d}t$；

（4）$y=\frac{\mathrm{d}}{\mathrm{d}x}\int_{-x}^{1} (\sin t^2)\mathrm{d}t$；　（5）$y=\frac{\mathrm{d}}{\mathrm{d}x}\int_{x^2}^{\cos x} \ln t \mathrm{d}t$；　（6）$y=\frac{\mathrm{d}}{\mathrm{d}x}\int_0^{\sqrt{x}} t\mathrm{e}^{t^2} \mathrm{d}t$.

3. 求下列极限.

（1）$\lim\limits_{x\to 0} \frac{\int_1^{\cos x} \mathrm{e}^{-t^2}\mathrm{d}t}{x^2}$；　（2）$\lim\limits_{x\to 0^+} \frac{\int_0^{x^2} \ln(1+\sqrt{t})\mathrm{d}t}{x^2}$；　（3）$\lim\limits_{x\to 0^+} \frac{\int_0^{\sqrt{x}} (\mathrm{e}^{t^2}-1)\mathrm{d}t}{\sqrt{x}}$；

（4）$\lim\limits_{x\to 0} \frac{\int_0^x (\mathrm{e}^t+\mathrm{e}^{-t}-2)\mathrm{d}t}{1-\cos x}$；　（5）$\lim\limits_{x\to 0} \frac{\int_x^0 t^2\mathrm{d}t}{\int_0^x t(t+\sin t)\mathrm{d}t}$；　（6）$\lim\limits_{x\to 0} \frac{\int_0^x \sqrt{1+t^2}\mathrm{d}t}{x}$；

（7）$\lim\limits_{x\to 0} \frac{\int_0^x \cos t^2\mathrm{d}t}{x}$；　（8）$\lim\limits_{x\to 0} \frac{\int_0^{2x} \ln(1+t)\mathrm{d}t}{1-\cos x}$.

5.3　定积分的换元积分法与分部积分法

◇ 主要内容

1．定积分的换元积分法

定理　若函数 $f(x)$ 在区间 $[a,b]$ 上连续，函数 $x=\varphi(t)$ 满足：

（1）$x=\varphi(t)$ 在区间 $[\alpha,\beta]$ 上有连续导数 $\varphi'(t)$；

（2）当 t 在 $[\alpha,\beta]$ 上变化时，$x=\varphi(t)$ 的值在 $[a,b]$ 上变化；

（3）$\varphi(\alpha)=a,\varphi(\beta)=b$.

则有

$$\int_a^b f(x)\mathrm{d}x=\int_\alpha^\beta f[\varphi(t)]\varphi'(t)\mathrm{d}t.$$

以上公式称为定积分的换元积分公式，运用时注意"换元换限"同时进行.

结论：设函数 $f(x)$ 在 $[-a,a]$ 上连续.

（1）若函数 $f(x)$ 在 $[-a,a]$ 上为偶函数，则

$$\int_{-a}^a f(x)\mathrm{d}x=2\int_0^a f(x)\mathrm{d}x;$$

（2）若函数 $f(x)$ 在 $[-a,a]$ 上为奇函数，则

$$\int_{-a}^a f(x)\mathrm{d}x=0.$$

2．定积分的分部积分法

设 $u(x),v(x)$ 在 $[a,b]$ 上具有连续的可导函数，则有

$$\int_a^b u\mathrm{d}v=(uv)\Big|_a^b-\int_a^b v\mathrm{d}u.$$

此公式称为定积分的分部积分公式.

◇ 例题解析

例 1　求 $\int_0^a x^2\sqrt{a^2-x^2}\mathrm{d}x$.

解　令 $x=a\sin t$，则当 $x=0$ 时，$t=0$，当 $x=a$ 时，$t=\frac{\pi}{2}$；$\sqrt{a^2-x^2}=a\cos x$，$\mathrm{d}x=a\cos t\mathrm{d}t$.
于是有

$$\int_0^a x^2\sqrt{a^2-x^2}\mathrm{d}x=\int_0^{\frac{\pi}{2}}a^4\sin^2 t\cos^2 t\mathrm{d}t=\frac{a^4}{4}\int_0^{\frac{\pi}{2}}\sin^2 2t\mathrm{d}t$$

$$=\frac{a^4}{8}\int_0^{\frac{\pi}{2}}(1-\cos 4t)\mathrm{d}t=\frac{a^4}{8}\left(t-\frac{1}{4}\sin 4t\right)\Bigg|_0^{\frac{\pi}{2}}=\frac{\pi a^4}{16}.$$

例 2 求积分 $\int_0^8 \frac{x}{\sqrt{1+x}}\mathrm{d}x$.

解 令 $\sqrt{1+x}=t$，则 $x=t^2-1,\ \mathrm{d}x=2t\mathrm{d}t$，且当 $x=0$ 时，$t=1$；$x=8$ 时，$t=3$，于是有

$$\int_0^8 \frac{x}{\sqrt{1+x}}\mathrm{d}x=\int_1^3 \frac{t^2-1}{t}2t\mathrm{d}t=2\int_1^3 (t^2-1)\mathrm{d}t=12\frac{4}{3}.$$

例 3 利用奇函数与偶函数在对称区间上的积分性质计算

（1）$\int_{-2}^2 \frac{(x^4+1)\sin x}{1+x^2+x^4}\mathrm{d}x$；　　（2）$\int_{-1}^1 \sqrt{1-x^2}\mathrm{d}x$.

解 （1）因为被积函数 $f(x)=\frac{(x^4+1)\sin x}{1+x^2+x^4}$ 在对称区间 $[-2,2]$ 上是奇函数，所以

$$\int_{-2}^2 \frac{(x^4+1)\sin x}{1+x^2+x^4}\mathrm{d}x=0.$$

（2）因为 $f(x)=\sqrt{1-x^2}$ 在对称区间 $[-1,1]$ 上为偶函数. 所以

$$\int_{-1}^1 \sqrt{1-x^2}\mathrm{d}x=2\int_0^1 \sqrt{1-x^2}\mathrm{d}x=2\cdot\left(\frac{1}{2}\arcsin x+\frac{x}{2}\sqrt{1-x^2}\right)\Bigg|_0^1=\frac{\pi}{2}.$$

$$\left(\text{由公式}\int\sqrt{a^2-x^2}\mathrm{d}x=\frac{a}{2}\arcsin\frac{x}{a}+\frac{x}{2}\sqrt{a^2-x^2}+C,\ a=1\text{求得}\right)$$

◇ 精选习题

一、判断题（正确的在括号里填√，错误的在括号里填×）

1. $\int_0^4 \mathrm{e}^{\sqrt{x}}\mathrm{d}x$，令 $\sqrt{x}=t$，则 $\int_0^4 \mathrm{e}^{\sqrt{x}}\mathrm{d}x=2\int_0^2 t\mathrm{e}^t\mathrm{d}t$.　（　）
2. $\int_{-3}^3 \frac{x\cos x}{x^2+1}\mathrm{d}x=0$.　（　）
3. $\int_1^{\mathrm{e}} \frac{1+\ln x}{x}\mathrm{d}x=\int_1^{\mathrm{e}}(1+\ln x)\mathrm{d}(1+\ln x)=\frac{1}{2}[(1+\ln x)^2]_1^{\mathrm{e}}$.　（　）
4. $\int_1^{\mathrm{e}} x\ln x\mathrm{d}x=\int_1^{\mathrm{e}}\ln x\mathrm{d}\left(\frac{x^2}{2}\right)=\frac{x^2}{2}\ln x\Big|_1^{\mathrm{e}}-\int_1^{\mathrm{e}}\frac{x^2}{2}\cdot\frac{1}{x}\mathrm{d}x=\frac{x^2}{2}\ln x\Big|_1^{\mathrm{e}}-\frac{1}{2}\int_1^{\mathrm{e}}x\mathrm{d}x$　.　（　）
5. $\int_a^b p\mathrm{d}q=pq\Big|_a^b-\int_a^b q\mathrm{d}p$.　（　）

二、填空题

1. $\int_0^4 \mathrm{e}^x\mathrm{d}x=$__________.

2. $\int_{\frac{\pi}{6}}^{\frac{\pi}{2}} \cos^2 x \mathrm{d}x =$ ____________.

3. $\int_{0}^{\frac{\pi}{2}} \sin x \cos^3 x \mathrm{d}x =$ ____________.

4. $\int_{-1}^{1} \frac{2x-1}{x-2} \mathrm{d}x =$ ______________.

5. $\int_{0}^{\frac{\pi}{2}} x^2 \sin x \mathrm{d}x =$ ______________.

三、选择题

1. 下列说法正确的是（　　）.

A. 若 $\int f(x)\mathrm{d}x = F(x)+C$，则 $\int f(x^2+1)\mathrm{d}x = F(x^2+1)+C$

B. 若 $\int f(x)\mathrm{d}x = F(x)+C$，则 $\int f(x^2)2x\mathrm{d}x = F(x^2)+C$

C. 若 $\int f[\varphi(x)]\varphi'(x)\mathrm{d}x = F(x)+C$，则 $\int f(u)\mathrm{d}u = F(u)+C$

D. 若 $\int f[\varphi(x)]\varphi'(x)\mathrm{d}x = F[\varphi(x)]+C$，则 $\int f(u)\mathrm{d}u = F(u)+C$

2. 下列结果正确的是（　　）.

A. $\int_a^b u\mathrm{d}v = uv\Big|_a^b - \int_a^b v\mathrm{d}u$　　B. $\int_1^2 h\mathrm{d}x = 1$

C. $\int_0^{\frac{\pi}{4}} \frac{1}{\sqrt{4-x^2}}\mathrm{d}x = \frac{\sqrt{2}}{2}$　　D. $\int_{-1}^{1}\mathrm{d}x = 0$

3. $\int_0^1 \frac{x}{\sqrt{2x+1}}\mathrm{d}x$ 的值等于（　　）.

A. $\frac{1}{3}$　　B $\frac{2}{3}$　　C. $-\frac{1}{3}$　　D. $-\frac{2}{3}$

4. $\int_0^1 \cos\sqrt{x}\mathrm{d}x$ 的值等于（　　）.

A. $2\sin 1 - 2\cos 1 + 2$　　B. $2\cos 2 + 2\sin 2 - 2$

C. $2\sin 1 + 2\cos 1 - 2$　　D. $2\sin 1 + 2\cos 1 + 2$

5. $\int_{-\sqrt{2}}^{\sqrt{2}} x\mathrm{e}^{x^2}\mathrm{d}x$ 的值等于（　　）.

A. $2\mathrm{e}^2$　　B. e^2　　C. 0　　D. $\frac{1}{2}\mathrm{e}^2$

四、解答题

1. 计算下列定积分.

（1）$\int_0^1 \frac{x}{1+x^2}\mathrm{d}x$；　（2）$\int_0^{\frac{1}{2}} \frac{\mathrm{d}x}{\sqrt{1-x^2}}$；　（3）$\int_1^3 \frac{2x}{\sqrt{x}(1+x)}\mathrm{d}x$；

（2）$\int_1^2 \frac{1}{x^2}\mathrm{e}^{-\frac{1}{x}}\mathrm{d}x$；　（4）$\int_a^{2a} \frac{\sqrt{x^2-a^2}}{x^4}\mathrm{d}x$；　（5）$\int_{\frac{1}{\pi}}^{\frac{2}{\pi}} \frac{\sin\frac{1}{y}}{y^2}\mathrm{d}y$；

（6）$\int_{-1}^{2} \frac{x-1}{(x+3)^2}\mathrm{d}x$；　（7）$\int_{-1}^{3} \frac{1}{(11+3x)^4}\mathrm{d}x$；　（8）$\int_1^3 \sqrt{x-1}\mathrm{d}x$；

（9）$\int_0^1 \frac{\sqrt{x}}{1+\sqrt{x}}dx$；（10）$\int_1^3 \sqrt{3x+1}dx$；（11）$\int_{-\frac{\pi}{2}}^{\frac{\pi}{2}} \sin\left(3x-\frac{\pi}{6}\right)dx$；

（12）$\int_1^3 x\sqrt{x^2-1}dx$；（13）$\int_0^1 x^2\sqrt{1-x^2}dx$；（14）$\int_1^3 xe^{-x^2}dx$；

（15）$\int_1^e \frac{1}{x\sqrt{1+\ln x}}dx$；（16）$\int_1^3 xe^x dx$；（17）$\int_1^3 x\sin x dx$；

（18）$\int_1^4 x\ln\sqrt{x}dx$；（19）$\int_0^{\frac{\pi}{4}} e^{2x}\sin 3x dx$；（20）$\int_3^8 e^{2\sqrt{x+1}}dx$；

（21）$\int_0^{2\pi} |\sin x| dx$；（22）$\int_0^1 \frac{1}{e^x+1}dx$；（23）$\int_0^{\frac{1}{2}} \arcsin x dx$；

（24）$\int_1^{\sqrt{3}} \frac{1}{x^2\sqrt{1+x^2}}dx$；（25）$\int_0^{\frac{\pi}{2}} x^2\sin x dx$；（26）$\int_1^e \ln^3 x dx$；

（27）$\int_{-1}^0 \frac{dx}{x^2+2x+2}$；（28）$\int_0^{2\pi} \sqrt{1-\cos 2x}dx$.

2. 利用函数的奇偶性计算下列积分.

（1）$\int_{-2}^2 (x^2+1)^3 \sin\frac{1}{2}x dx$；（2）$\int_{-5}^5 x^3\cos x dx$；

（3）$\int_{-1}^1 (xe^{x^2}+x^2)dx$；（4）$\int_{-2}^2 \frac{x+\sin x}{\sqrt{1+e^{x^2}}}dx$.

3. 设 $f(x)$ 在 $[a,b]$ 上连续，且 $\int_a^b f(x)dx = 1$，求 $\int_a^b f(a+b-x)dx$.

4. 设 $f''(x)$ 在 $[0,2]$ 上连续，且 $f(0)=1, f(2)=3, f'(2)=5$，求 $\int_0^1 xf''(2x)dx$.

5.4 定积分的应用

◇ 主要内容

1. 定积分的几何应用

1）平面图形的面积

（1）由连续曲线 $y=f(x)$ 与直线 $x=a, x=b$ 及 x 轴所围成的曲边梯形的面积为

$$A=\int_a^b |f(x)| dx.$$

（2）如图 5.4-1 所示，由连续曲线 $y=f(x)$，$y=g(x)$ 及直线 $x=a, x=b$ $(a<b)$ 所围成的曲边梯形的面积为

$$A=\int_a^b |f(x)-g(x)| dx.$$

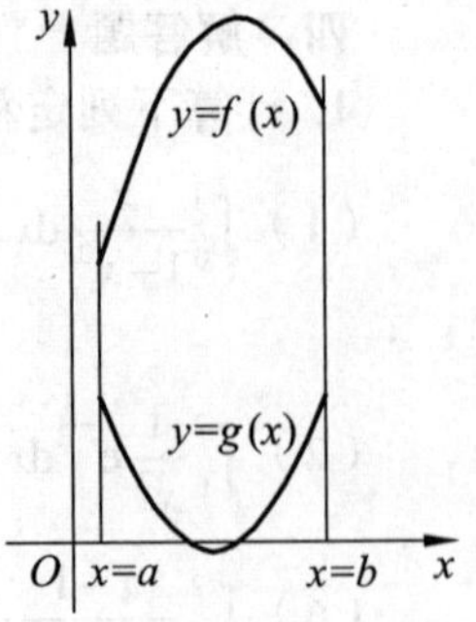

图 5.4-1

用定积分求平面图形的面积的步骤为：

（1）画出草图，弄清各曲线、直线的相对位置关系；

（2）求交点坐标，确定图形范围和积分上、下限；

（3）写出平面图形的定积分表达式；

（4）计算定积分的值，得到所求的图形的面积.

2）旋转体的体积

一平面图形绕该平面内一条直线旋转一周所形成的立体称为旋转体，这条直线称为旋转轴.

设一旋转体是由连续曲线 $y=f(x)$，直线 $x=a$，$x=b$ 和 x 轴所围成的曲边梯形绕 x 轴旋转一周所形成的，下面用微元法求其体积 V_x.

（1）取 x 为积分变量，它的取值范围为 $[a,b]$；

（2）在区间 $[a,b]$ 上任取一个小区间 $[x,x+\mathrm{d}x]$，相应的小曲边梯形绕 x 轴旋转一周而成的旋转体，可以看成以 $|f(x)|$ 为底面半径、$\mathrm{d}x$ 为高的圆柱体，其体积微元

$$\mathrm{d}V_x=\pi f^2(x)\mathrm{d}x\ ;$$

（3）在 $[a,b]$ 上积分，得到所求的旋转体的体积：

$$V_x=\pi\int_a^b f^2(x)\mathrm{d}x\,.$$

类似地，由连续曲线 $x=\varphi(y)$，直线 $y=c$，$y=d$ 和 y 轴所围成的曲边梯形绕 y 轴旋转一周所形成的旋转体的体积为

$$V_y=\pi\int_c^d \varphi^2(y)\mathrm{d}y\,.$$

由椭圆 $\dfrac{x^2}{a^2}+\dfrac{y^2}{b^2}=1$（$a,b$ 为正常数）所围成的图形绕 x 轴旋转一周所得的椭球体的体积为

$$V_x=\pi\int_{-a}^{a}\left[\frac{b}{a}\sqrt{a^2-x^2}\right]^2\mathrm{d}x=\frac{4}{3}\pi ab^2\,.$$

而当 $a=b$ 时，旋转体就是半径为 $R=a=b$ 的球体，其体积 $V_{球}=\dfrac{4}{3}\pi R^3$.

2．定积分的物理应用

1）变速直线运动的路程

作变速直线运动的物体在时间间隔 $[a,b]$ 上所经过的路程，等于其速度函数 $v=v(t)$ 在区间 $[a,b]$ 上的定积分

$$S=\int_a^b v(t)\mathrm{d}t\,.$$

2）变力沿直线所做的功

设物体在变力 $F(x)$ 的作用下，沿 x 轴由 $x=a$ 移动到 $x=b$，力的方向与 x 轴的方向一致，变力 $F(x)$ 所做的功 W 为

$$W=\int_a^b F(x)\mathrm{d}x .$$

3）液体的静压力

由物理学知道，均质液体距液面深为 h 处的液体压强为

$$p=\rho gh ,$$

其中 ρ 是液体密度，g 是重力加速度.

在实际问题中，有时需要计算与液体垂直的平板（如水闸门）一侧所受到的压力. 由于在水深不同的点的压强不同，所以用初等数学方法无法计算压力问题.

◇ 例题解析

例 1 求由抛物线 $y=x^2-2x-3$ 和直线 $2x+y-1=0$ 所围成的平面图形的面积 A.

解 如图 5.4-2 所示，由图得抛物线 $y=x^2-2x-3$ 和直线 $2x+y-1=0$ 的交点为 $(-2,5)$ 和 $(2,-3)$，取积分区间为 $[-2,2]$，可得所围成的平面图形的面积为

$$A=\int_{-2}^{2}(-2x+1)\mathrm{d}x-\int_{-2}^{2}(x^2-2x-3)\mathrm{d}x=\int_{-2}^{2}(-x^2+4)\mathrm{d}x=-\frac{1}{3}x^3\Big|_{-2}^{2}+4x\Big|_{-2}^{2}=\frac{32}{3} .$$

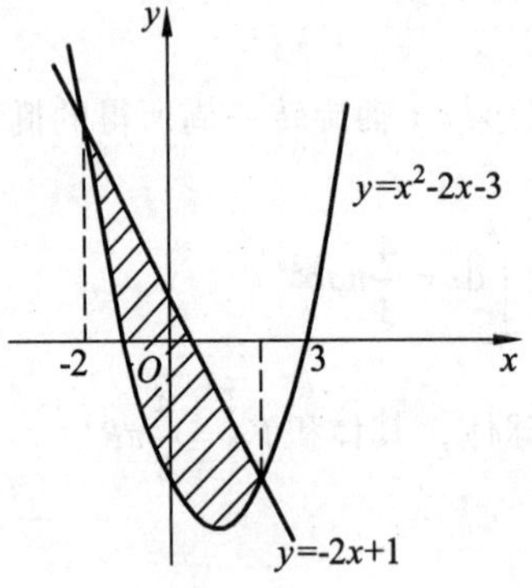

图 5.4-2

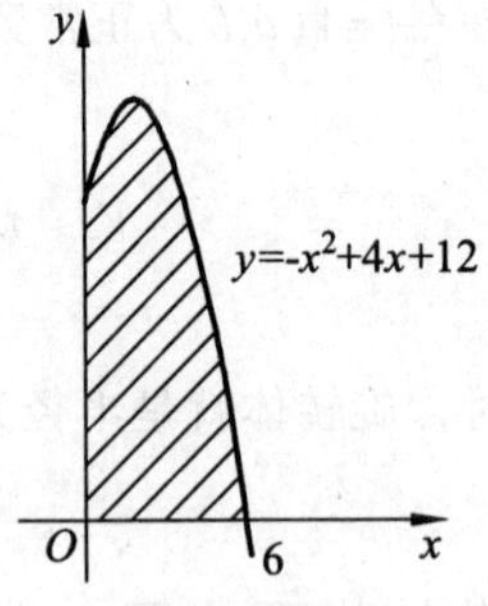

图 5.4-3

例 2 求由曲线 $y=-x^2+4x+12\ (x\geqslant 0)$ 与 x 轴和 y 轴所围成的平面图形绕 x 轴旋转一周所形成的旋转体的体积.

解 如图 5.4-3 所示，曲线 $y=-x^2+4x+12\ (x\geqslant 0)$ 与 x 轴、y 轴的交点分别为 $(6,0)$ 和 $(0,12)$. 所求的旋转体的体积为

$$V_x=\pi\int_0^6(-x^2+4x+12)^2\mathrm{d}x=\pi\int_0^6(x^4-8x^3-8x^2+96x+144)\mathrm{d}x$$

$$=\pi\left(\frac{1}{2}x^5-2x^4-\frac{8}{3}x^3+48x^2+144x\right)\Bigg|_0^6=3312\pi .$$

例 3　求从 0 到 T 这段时间内自由落体运动的平均速度.

解　自由落体运动的速度 $v=gt$，在 $t=0$ 到 $t=T$ 这段时间内物体所经过的路程为

$$S=\int_0^T v(t)\mathrm{d}t=\int_0^T gt\mathrm{d}t=\left[\frac{1}{2}gt^2\right]_0^T=\frac{1}{2}gT^2 .$$

其平均速度为

$$\overline{v}=\frac{\frac{1}{2}gT^2}{T-0}=\frac{1}{2}gT .$$

例 4　如图 5.4-4 所示，有一等腰梯形的水闸门，它的两底边长分别为 10 m 和 6 m，高为 10 m，较长的底边在水下离水面 2 m. 试计算该闸门一侧所受到的水的压力.

解　根据题设条件，建立如图 5.4-4 所示的坐标系. 直线 AB 的方程为

$$y=-\frac{1}{5}x+\frac{27}{5}.$$

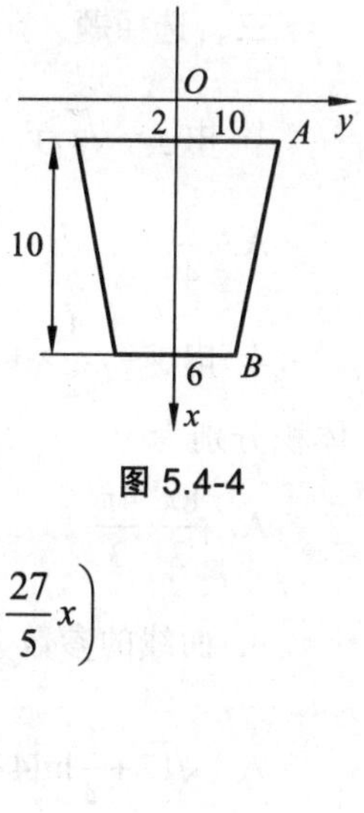

图 5.4-4

取 x 为积分变量，$x\in[2,12]$，在 $[2,12]$ 上任取一小区间 $[x, x+\mathrm{d}x]$ 的压力微元为

$$\mathrm{d}F=2\rho gxy\mathrm{d}x=2\times9.8\times10^3x\left(-\frac{1}{5}x+\frac{27}{5}\right)\mathrm{d}x .$$

从而该闸门所受到的压力为

$$F=\int_2^{12}2\times9.8\times10^3x\left(-\frac{1}{5}x+\frac{27}{5}\right)\mathrm{d}x=2\times9.8\times1000\times\int_2^{12}\left(-\frac{1}{5}x^2+\frac{27}{5}x\right)$$

$$=2\times9800\times\left(-\frac{1}{15}x^3+\frac{27}{10}x^2\right)\Bigg|_2^{12}=5161332.68\text{ N} .$$

◇ 精选习题

一、判断题（正确的在括号里填√，错误的在括号里填×）

1. 由连续曲线 $y=f(x)$, $y=g(x)$, $f(x)\leqslant g(x)<0$ 及直线 $x=a, x=b$ $(a<b)$ 所围成的曲边梯形的面积 $A=\int_a^b[g(x)-f(x)]\mathrm{d}x$.　(　　)

2. 一旋转体是由连续曲线 $y=f(x)$，直线 $x=a$, $x=b$ 和 x 轴所围成的曲边梯形绕 x 轴旋

转一周所形成的旋转体的体积为 $V=\pi\int_a^b[f(x)]^2\mathrm{d}x$．　　(　　)

3．由 $y=\sin x$，直线 $x=\frac{\pi}{2}$ 和 $x=\frac{3\pi}{2}$ 及 x 轴所围成的平面图形的面积为 $A=\int_{\frac{\pi}{2}}^{\frac{3\pi}{2}}\sin x\mathrm{d}x$．

(　　)

4．设曲线方程 $y=f(x)$ 在 $[a,b]$ 上对应的曲线弧的长为 $s=\int_a^b\sqrt{1+[f'(x)]^2}\mathrm{d}x$．　　(　　)

5．在刚体力学中，若质点的质量为 m，到一轴的距离为 r，则质点绕该轴的转动惯量为 $I=mr^2$．　　(　　)

二、填空题

1．由 $x=0,x=1,y=\mathrm{e}^x,y=\mathrm{e}^{-x}$ 所围成的平面图形的面积为________________．

2．由曲线 $y=\ln x,x=2$ 及 x 轴所围成的平面图形的面积________________．

3．求由椭圆 $\frac{x^2}{a^2}+\frac{y^2}{b^2}=1$ 围成的平面图形绕 x 轴旋转一周所形成的旋转体的体积________．

4．由曲线 $y=\sqrt{x}$ 在区间 $[2,4]$ 上对应的一段弧的长为________________．

5．一质点在变力 $f(x)=2x$ 的作用下，从点 $x=a$ 移动到点 $x=b$ 时，变力所做的功为________．

三、选择题

1．由 $y=\sqrt{x},y=\frac{x}{2}$ 所围成的平面图形的面积为（　　）．

A．$\frac{3}{4}$　　B．$\frac{4}{3}$　　C．4　　D．3

2．由 $y=-\frac{1}{2}x+1$ 与 x 轴和 y 轴所围成的图形分别绕 x 轴和 y 轴旋转一周所得的旋转体的体积分别为（　　）．

A．$\frac{8\pi}{3},\frac{4\pi}{3}$　　B．$\frac{2\pi}{3},\frac{4\pi}{3}$　　C．$\frac{4\pi}{3},\frac{2\pi}{3}$　　D．$\frac{4\pi}{3},\frac{8\pi}{3}$

3．曲线的参数方程为 $\begin{cases}x=t\\y=t^2\end{cases}$ $(0\leqslant t\leqslant 2)$，则这段曲线的弧长为（　　）．

A．$\sqrt{17}+\frac{1}{4}\ln\left|4+\sqrt{17}\right|$　　B．$\sqrt{5}+\frac{1}{4}\ln\left|4+\sqrt{5}\right|$

C．$\sqrt{17}+\frac{1}{2}\ln\left|4+\sqrt{17}\right|$　　D．$\sqrt{5}+\ln\left|4+\sqrt{5}\right|$

4．设把金属杆的长度从 a 拉到 $a+x$ 时，所需的力等于 $\frac{k}{a}x$，其中 k 为常数，试求将金属杆的长度从 a 拉到 b 时所做的功.

A．$\frac{b}{2a}(b^2-a^2)$　　B．$\frac{b}{2a}(b-a)^2$

C．$b+\frac{b}{2a}(b-a)^2$　　D．$b+\frac{b}{2a}(b^2-a^2)$

5. 下列结论错误的是（　　）.

A. $\int_{-2}^{2} x^2 \mathrm{d}x = 2\int_{0}^{2} x^2 \mathrm{d}x$　　B. $\int_{-\pi}^{\pi} x\cos x\mathrm{d}x = 0$

C. $\int_{3}^{5} \mathrm{d}x = 1$　　D. $\int_{0}^{1} kx\mathrm{d}x = k$

四、解答题

1. 计算由下列曲线所围成的平面图形的面积.

（1）$y = 4 - x^2, y = 0$；　　（2）$y = \cos x, x = -\dfrac{\pi}{4}, x = \dfrac{\pi}{4}, y = 0$；

（3）$y = x^2, y = x$；　　（4）$y = \mathrm{e}^x, x = 2, x = 4$ 和 $y = 0$；

（5）$y = x^2, y = 2x + 3$；　　（6）$y = x^2, y = -x^2 + 8$.

2. 已知弹簧原长 0.30 m，每压缩 0.01 m 需力 2 N，求把弹簧从 0.25 m 压缩到 0.20 m 时所做的功.

3. 设把一金属杆的长度从 10 拉长到 $10 + x$ 时所需的力等于 $\dfrac{1}{2}x + 2$，求将金属杆由长 10 拉长到 20 时所做的功.

4. 设一物体沿直线运动，其速度 $v = \sqrt{3 + 4t}$ m/s，试求物体在运动开始后 10 s 内所经过的路程.

5. 有一圆柱形储水桶，高 2.5 m，底圆半径 1 m，桶内装 1.8 m 高的水，试计算将桶内水全部吸出，要做多少功？

6. 一底为 10 m，高为 8 m 的三角形薄片，直立地沉没在水中，它的顶在上，底与水面平行且距水面 3 m，试求它的底面所受的压力.

7. 求由曲线 $y = x^2 + 1$ 与直线 $x = 0, x = 2, y = 0$ 所围成的平面图形绕 x 轴旋转一周所得的旋转体的体积.

8. 求由曲线 $y = \sin x, y = \cos x$，$x \in \left[0, \dfrac{\pi}{2}\right]$ 与直线 $x = 0$ 所围成的平面图形绕 x 轴旋转一周所得的旋转体的体积.

9. 作直线运动的质点在任意位置 x 处所受的力为 $F(x) = 1 - \mathrm{e}^{2x}$，求质点从点 $a = 0$ 沿 x 轴运动到点 $b = 2$ 处，力 $F(x)$ 所做的功.

10. 一物体作直线运动，其速度为 $v = t^2 + 5t$，当 $t = 1$ s 时，该物体经过的路程 $s = 6\dfrac{5}{6}$ m，试求物体的运动方程.

11. 已知弹簧原长 0.40 m，每压缩 0.02 m 需力 4 N，求把弹簧从 0.35 m 压缩到 0.20 m 时所做的功.

12. 一矩形水闸门，宽为 15 m，高为 12 m，闸门在水下 2 m，闸门的宽与水面平行，求水对闸门的压力.

13. 求 $x^2+(y-6)^2\leqslant 16$ 分别绕 x 轴和 y 轴旋转而成的旋转体的体积.

14. 求圆 $(x-2)^2+(y+1)^2=4$ 绕 y 轴旋转而成的旋转体的体积.

15. 求曲线 $\begin{cases}x=1+2\cos\theta\\ y=1+2\sin\theta\end{cases}\left(0\leqslant\theta\leqslant\dfrac{\pi}{4}\right)$ 的弧长.

16. 求抛物线 $y=2x^2$ 在区间 $[1,3]$ 上对应的曲线的弧长.

第6章
微分方程

6.1 微分方程的基本概念

◇ 主要内容

凡含有未知函数的导数或微分的方程称为**微分方程**. 未知函数是一元函数的方程称为**常微分方程**；未知函数是多元函数的方程称为**偏微分方程**. 本章只讨论常微分方程.

微分方程中，未知函数的最高阶导数的阶数称为**微分方程的阶**. 如果一个函数代入微分方程后能使方程成为恒等式，这个函数称为**微分方程的解**.

如果微分方程的解中含有任意常数，且任意常数的个数等于微分方程的阶数，这样的解称为**微分方程的通解**；不含任意常数的解，称为**特解**. 特解是将给定的**初始条件**代入通解，求出任意常数后得到的.

求微分方程 $y'=f(x,y)$ 满足初始条件 $y\big|_{x=x_0}=y_0$ 的特解的问题，叫做一阶微分方程的**初值问题**，记作

$$\begin{cases} y'=f(x,y) \\ y\big|_{x=x_0}=y_0 \end{cases}.$$

微分方程的每个解都对应着平面内的一条曲线，该曲线称为微分方程的**积分曲线**，而微分方程的无穷多个解所对应的一族曲线称为微分方程的**积分曲线族**.

◇ 例题解析

例 1　验证函数 $y=C_1\mathrm{e}^{-2x}+C_2\mathrm{e}^{x}+C_3\mathrm{e}^{3x}$（$C_1,C_2,C_3$ 为任意常数）是三阶微分方程 $y'''-2y''-5y'+6y=0$ 的通解.

解　由 $y=C_1\mathrm{e}^{-2x}+C_2\mathrm{e}^{x}+C_3\mathrm{e}^{3x}$，得

$$y'=-2C_1\mathrm{e}^{-2x}+C_2\mathrm{e}^{x}+3C_3\mathrm{e}^{3x}.$$

$$y''=4C_1\mathrm{e}^{-2x}+C_2\mathrm{e}^{x}+9C_3\mathrm{e}^{3x}.$$

$$y'''=-8C_1\mathrm{e}^{-2x}+C_2\mathrm{e}^{x}+27C_3\mathrm{e}^{3x}.$$

将 y, y', y'', y''' 代入方程，得

$$\begin{aligned} y'''-2y''-5y'+6y &= -8C_1\mathrm{e}^{-2x}+C_2\mathrm{e}^{x}+27C_3\mathrm{e}^{3x}-2(4C_1\mathrm{e}^{-2x}+C_2\mathrm{e}^{x}+9C_3\mathrm{e}^{3x}) \\ &\quad -5(-2C_1\mathrm{e}^{-2x}+C_2\mathrm{e}^{x}+3C_3\mathrm{e}^{3x})+6(C_1\mathrm{e}^{-2x}+C_2\mathrm{e}^{x}+C_3\mathrm{e}^{3x})=0. \end{aligned}$$

所以，函数 $y=C_1\mathrm{e}^{-2x}+C_2\mathrm{e}^{x}+C_3\mathrm{e}^{3x}$ 是微分方程 $y'''-2y''-5y'+6y=0$ 的解. 又因为这个解中含有三个任意常数 C_1,C_2,C_3，任意常数的个数与微分方程的阶数相同，故它是微分方程的通解.

例 2　验证由方程 $x^2-xy+y^2=1$ 所确定的函数是微分方程 $(x-2y)y'=2x-y$ 的解.

解　方程 $x^2-xy+y^2=1$ 两边对 x 求导，得

$$2x-y-xy'+2yy'=0,$$

即

$$(x-2y)y'=2x-y.$$

所以，由方程 $x^2-xy+y^2=1$ 所确定的函数是微分方程 $(x-2y)y'=2x-y$ 的解.

◇ 精选习题

一、判断题（正确的在括号里填√，错误的在括号里填 ×）

判断函数是否为所给的微分方程的解.

1. $xy'=2y,\ y=5x^2$.　（　）
2. $(x-2y)y'=2x-y,\ x^2-x+y^2=C$.　（　）
3. $\dfrac{dx}{dy}+\sin y=0,\ x=\cos y+C$.　（　）
4. $y''=x^2+y^2,\ y=\dfrac{1}{x}$.　（　）
5. $y''-4y'+3y=0,\ y=e^x+3e^{3x}$.　（　）

二、填空题

1. 凡含有未知函数的导数或微分的方程叫做_____________.
2. 微分方程中未知函数的最高阶导数的阶数称为_____________.
3. $y''=x^2$ 是__________阶常微分方程.
4. 如果微分方程的解中含有任意常数，且任意常数的个数等于微分方程的阶数，这样的解称为____________；不含任意常数的解，称为_____.
5. 微分方程的每个解都对应着平面内的一条曲线，该曲线称为微分方程的__________.

三、选择题

1. 下列方程是微分方程的是（　　）.

A. $dy=(4x-1)dx$　　B. $y'=2x-1$

C. $y^2-3y+2=0$　　D. $\sin 2x+3y=0$

2. 下列方程不是微分方程的是（　　）.

A. $y'+3=0$　　B. $\dfrac{d^2y}{dx^2}=3x+\sin x$

C. $3y^2-2x+y=0$　　D. $(x^2+y^2)dx+(x^2-y^2)dy=0$

3. 微分方程 $(y')^2+3xy=4\sin x$ 的阶数为（　　）.

A. 3　　B. 2　　C. 1　　D. 0

4. 下列函数是微分方程 $y''-3y'+2y=0$ 的解的是（　　）.

A. $y=\mathrm{e}^{x}$　　B. $y=\mathrm{e}^{2x}$　　C. $y=\mathrm{e}^{3x}$　　D. $y=\mathrm{e}^{x}+\mathrm{e}^{2x}$

5. 下列微分方程是二阶微分方程的是（　　）.

A. $\frac{\mathrm{d}^2y}{\mathrm{d}x^2}+2y^3-4x=0$　　B. $y'''+2xy''=\sin x$

C. $y^2-3y'=3x^2$　　D. $y+y'+y''=0$

四、解答题

1. 从下列各曲线族中，找出满足所给的初始条件的曲线.

（1）$x^2-y^2=C,\ y'(0)=5$；

（2）$y=(C_1+C_2x)\mathrm{e}^{2x},\ y(0)=0,\ y'(0)=1$；

（3）$y=C_1\sin(x-C_2),\ y\big|_{x=\pi}=1,\ y'\big|_{x=\pi}=0$.

2. 指出下列各题中的函数是否为所给的微分方程的解，若是，指出是通解还是特解.

（1）$xy'=2y,\ y=Cx^2$；

（2）$y''+\omega^2y=0\ (\omega>0),\ y=2\sin\omega x$；

（3）$y''=x^2+y^2,\ y=\frac{1}{x}$；

（4）$y''-2y'+y=0,\ y=x^2\mathrm{e}^{x}$.

3. 验证函数 $y=Cx^3$ 是方程 $3y-xy'=0$ 的通解（C 为任意常数），并求出满足初始条件 $y\big|_{x=1}=\frac{1}{3}$ 的特解.

4. 验证函数 $y=C_1\cos 2x+C_2\sin 2x$ 是方程 $y''+4y=0$ 的通解，并求出满足初始条件 $y\big|_{x=0}=0,\ y'\big|_{x=0}=2$ 的特解.

6.2　一阶微分方程

◇ 主要内容

一阶微分方程的一般形式：

$$F(x,y,y')=0 \quad 或 \quad y'=f(x,y).$$

一阶微分方程的对称形式：

$$P(x,y)\mathrm{d}x+Q(x,y)\mathrm{d}y=0.$$

1. 可分离变量的微分方程

形如

$$\frac{\mathrm{d}y}{\mathrm{d}x} = f(x)g(y) \tag{6.2-1}$$

的微分方程，称为**可分离变量的微分方程**，其中 $f(x), g(y)$ 分别是 x 与 y 的连续函数，且 $g(y) \neq 0$. 其解法如下：

（1）分离变量：

$$\frac{\mathrm{d}y}{g(y)} = f(x)\mathrm{d}x . \tag{6.2-2}$$

（2）两边积分：

$$\int \frac{\mathrm{d}y}{g(y)} = \int f(x)\mathrm{d}x .$$

（3）求出积分，得通解

$$G(y) = F(x) + C ,$$

其中 $G(y), F(x)$ 分别是 $\frac{1}{g(y)}$ 和 $f(x)$ 的原函数，C 为任意常数.

2．齐次微分方程

可化成形如

$$\frac{\mathrm{d}y}{\mathrm{d}x} = f\left(\frac{y}{x}\right) \tag{6.2-3}$$

的一阶微分方程，称为**齐次微分方程**.

解齐次微分方程的方法是：利用适当的变换，将之化成可分离变量的微分方程.

设 $u = \frac{y}{x}$，则 $y = xu$. 对 $y = xu$ 的两边求关于 x 的导数，得

$$\frac{\mathrm{d}y}{\mathrm{d}x} = u + x\frac{\mathrm{d}u}{\mathrm{d}x} .$$

代入（6.2-3）式得

$$u + x\frac{\mathrm{d}u}{\mathrm{d}x} = f(u) .$$

分离变量，得

$$\frac{\mathrm{d}u}{f(u) - u} = \frac{1}{x}\mathrm{d}x .$$

这是一个可分离变量的微分方程，两边积分解以上微分方程，再将 $u = \frac{y}{x}$ 代入，可求出原方程的通解.

3．一阶线性微分方程

方程

$$\frac{\mathrm{d}y}{\mathrm{d}x}+P(x)y=Q(x) \tag{6.2-4}$$

叫做**一阶线性微分方程**. 它的特点是未知函数 y 及其导数都是一次的. 当 $Q(x)\neq 0$ 时，方程（6.2-4）称为**非齐次**的；当 $Q(x)\equiv 0$ 时，方程（6.2-4）称为**齐次**的，此时方程为

$$\frac{\mathrm{d}y}{\mathrm{d}x}+P(x)y=0. \tag{6.2-5}$$

方程（6.2-5）是对应于非齐次方程（6.2-4）的一阶**齐次线性方程**.

齐次线性方程（6.2-5）是可分离变量的微分方程，其通解为

$$y=C\mathrm{e}^{-\int P(x)\mathrm{d}x};$$

非齐次线性方程（6.2-4）的通解为

$$y=\mathrm{e}^{-\int P(x)\mathrm{d}x}\left[\int Q(x)\mathrm{e}^{\int P(x)\mathrm{d}x}\mathrm{d}x+C\right]. \tag{6.2-6}$$

◇ 例题解析

例 1 求方程 $\frac{\mathrm{d}y}{\mathrm{d}x}=\frac{1}{x+y}$ 的通解.

解 将方程变形为

$$\frac{\mathrm{d}x}{\mathrm{d}y}=x+y \quad 或 \quad \frac{\mathrm{d}x}{\mathrm{d}y}-x=y.$$

先求出对应的一阶齐次线性方程 $\frac{\mathrm{d}x}{\mathrm{d}y}-x=0$ 的通解：

$$x=C\mathrm{e}^{y}.$$

设原方程的通解为 $x=u(y)\mathrm{e}^{y}$，于是 $\frac{\mathrm{d}x}{\mathrm{d}y}=\mathrm{e}^{y}u'+u\mathrm{e}^{y}$，所以

$$\mathrm{e}^{y}u'+u\mathrm{e}^{y}-u\mathrm{e}^{y}=y,$$

即

$$u'=y\mathrm{e}^{-y}.$$

两边积分，得

$$u=-y\mathrm{e}^{-y}-\mathrm{e}^{-y}+C.$$

所以原方程的通解为

$$x=(-ye^{-y}-e^{-y}+C)e^{y}=-y-1+Ce^{y}.$$

例 2　由坐标原点向曲线 L 的切线作垂线，垂线的长等于切点的横坐标，且 L 通过点 $(1,2)$，求曲线 L 的方程.

解　设曲线 L 的方程为 $y=f(x)$，则曲线 L 上任一点 (x,y) 处的切线方程为

$$Y-y=y'(X-x) \quad 或 \quad y'X-Y+(y-xy')=0.$$

由题设，坐标原点到切线的距离为 x，即

$$\frac{|y-xy'|}{\sqrt{(y')^2+(-1)^2}}=x.$$

这是曲线 L 所满足的微分方程. 整理得

$$2xyy'-y^2+x^2=0 \quad 或 \quad 2xy\frac{dy}{dx}-y^2+x^2=0.$$

上述微分方程为齐次方程，变形得

$$2\frac{dy}{dx}-\frac{y}{x}+\frac{x}{y}=0.$$

以上齐次微分方程的通解为

$$x^2+y^2=Cx.$$

由于曲线 L 过点 $(1,2)$，得 $C=5$. 所以，所求曲线 L 的方程为

$$x^2+y^2=5x.$$

例 3　求解方程 $x\frac{dy}{dx}+y=2\sqrt{xy}$.

解　可将原方程化为

$$\frac{dy}{dx}=2\sqrt{\frac{y}{x}}-\frac{y}{x}.$$

令 $u=\frac{y}{x}$，则 $\frac{dy}{dx}=u+x\frac{du}{dx}$. 代入上式中，可得

$$u+x\frac{du}{dx}=2\sqrt{u}-u,$$

即

$$\frac{du}{2(u-\sqrt{u})}=-\frac{dx}{x}.$$

两端积分，得

$$\int\frac{1}{2\sqrt{u}(\sqrt{u}-1)}du=-\int\frac{dx}{x}.$$

两边分别积分，得

$$\ln(\sqrt{u}-1)+\ln x=\ln C,$$

即 $$x(\sqrt{u}-1)=C.$$

将 $u=\dfrac{y}{x}$ 代回，得原方程的通解为

$$\sqrt{xy}-x=C.$$

例 4 试求微分方程 $xy\dfrac{dy}{dx}=x^2+y^2$ 满足条件 $y\big|_{x=e}=2e$ 的特解.

解 原方程可写成

$$\frac{dy}{dx}=\frac{x}{y}+\frac{y}{x}.$$

令 $u=\dfrac{y}{x}$，则 $\dfrac{dy}{dx}=u+x\dfrac{du}{dx}$. 代入上式中，得

$$x\frac{du}{dx}=\frac{1}{u}.$$

分离变量，得 $$udu=\frac{1}{x}dx.$$

两边积分，得 $$\frac{1}{2}u^2=\ln|x|+C.$$

将 $u=\dfrac{y}{x}$ 代回，整理得原方程的通解为

$$y^2=2x^2(\ln|x|+C).$$

将初始条件 $y\big|_{x=e}=2e$ 代入，得 $C=1$. 于是所求的特解为

$$y^2=2x^2(\ln|x|+1).$$

例 5 求微分方程 $xy'-y=1+x^3$ 满足初始条件 $y\big|_{x=1}=0$ 的特解.

解 将原方程变形为

$$y'-\frac{1}{x}y=\frac{1}{x}+x^2.$$

这是一阶线性非齐次方程，其中 $P(x)=-\dfrac{1}{x}$，$Q(x)=\dfrac{1}{x}+x^2$. 把它们代入通解公式 $y=e^{-\int P(x)dx}\left[\int Q(x)e^{\int P(x)dx}dx+C\right]$，得

$$y=e^{-\int\left(-\frac{1}{x}\right)dx}\cdot\left[\int\left(\frac{1}{x}+x^2\right)\cdot e^{\int\left(-\frac{1}{x}\right)}dx+C\right]=x\left[\int\left(\frac{1}{x}+x^2\right)\frac{1}{x}dx+C\right]$$

$$=x\left(-\frac{1}{x}+\frac{1}{2}x^2+C\right)=\frac{1}{2}x^3+Cx-1.$$

所以原方程的通解为

$$y=\frac{1}{2}x^3+Cx-1.$$

将初始条件 $y|_{x=1}=0$ 代入上式，得 $C=\frac{1}{2}$. 因此，所求的微分方程的特解为

$$y=\frac{1}{2}x^2+\frac{1}{2}x-1.$$

◇ 精选习题

一、判断题（正确的在括号里填√，错误的在括号里填×）

1. 一阶微分方程的一般形式 $F(x,y,y')=0$.　　（　　）

2. 可分离变量的微分方程的一般形式是 $\frac{\mathrm{d}y}{\mathrm{d}x}=f(x)g(y)$.　　（　　）

3. $y'=\frac{y(2x+y)}{x(x+3y)}$ 是一阶齐次微分方程.　　（　　）

4. $y'+2x^2y-\sin x=0$ 是一阶非齐次线性微分方程.　　（　　）

5. 齐次方程 $y'+(x\cos x)y=0$ 的通解为 $y=C\mathrm{e}^{-\int x\cos x\mathrm{d}x}$（$C$ 为任意常数).　　（　　）

二、填空题

1. 方程 $\frac{\mathrm{d}y}{\mathrm{d}x}=x^2y$ 的通解为__________________.

2. 方程 $\frac{\mathrm{d}y}{\mathrm{d}x}-x^2y=1$ 的通解为__________________.

3. 方程 $y^2\cos x\mathrm{d}x-\mathrm{d}y=0$ 的通解为__________________.

4. 求解初值问题：$\frac{\mathrm{d}y}{\mathrm{d}x}=\mathrm{e}^{2x-y}$，$y|_{x=0}=0$，$y=$__________.

5. 求解初值问题：$\frac{\mathrm{d}y}{\mathrm{d}x}=\frac{x-y}{x+y}$，$y|_{x=3}=1$，$y=$__________.

三、选择题

1. 下列方程中为一阶线性微分方程的是（　　）.

A. $(y')^2-xy=x$　　B. $x\frac{\mathrm{d}^2y}{\mathrm{d}x^2}+y=0$

C. $\frac{\mathrm{d}x}{\mathrm{d}y}-xy=x$　　D. $y'-3xy-5=0$

2. 下列方程中为一阶齐次微分方程的是（　　）.

A. $(y')^2-xy=x^2$　　B. $x\frac{\mathrm{d}y}{\mathrm{d}x}+y=0$

C. $y'=\dfrac{x^2+y^2}{xy}$　　D. $y'-3xy-5x^2y^2=0$

3. 微分方程 $y'+\dfrac{y}{x}=x$ 的解是（　　）.

A. $\dfrac{x^2}{3}+\dfrac{C}{x}$　　B. $\dfrac{x^3}{3}+\dfrac{C}{x}$　　C. $3x^2+C$　　D. x^2+3

4. 微分方程 $y'+\dfrac{y}{x}=\dfrac{\mathrm{e}^x}{x}$ 的通解是（　　）.

A. $\dfrac{\mathrm{e}^x}{3}+\dfrac{C}{x}$　　B. $\dfrac{x^3}{3}+\dfrac{C}{x}$　　C. $\mathrm{e}^x+\dfrac{C}{x}$　　D. $\dfrac{\mathrm{e}^x}{x}+\dfrac{C}{x}$

5. 初值问题：$\begin{cases} y'-y=\mathrm{e}^x \\ y\big|_{x=0}=2 \end{cases}$ 的解是（　　）.

A. $x\mathrm{e}^x$　　B. $(x+1)\mathrm{e}^x$　　C. $(x+2)\mathrm{e}^x$　　D. $(x+2)\mathrm{e}^{-x}$

四、解答题

1. 解下列微分方程.

（1）$\dfrac{\mathrm{d}y}{\mathrm{d}x}=\dfrac{1}{x}$；　　（2）$\dfrac{\mathrm{d}y}{\mathrm{d}x}=\sqrt{\dfrac{1-y^2}{1+y^2}}$；

（3）$y'=\mathrm{e}^{2x-y}$；　　（4）$y(1-x^2)\mathrm{d}y+x(1+y^2)\mathrm{d}x=0$；

（5）$x^2y'+xy=y,\ y\big|_{x=\frac{1}{2}}=4$.

2. 解下列微分方程.

（1）$(x+y)y'+(x-y)=0$；　　（2）$y^2+x^2\dfrac{\mathrm{d}y}{\mathrm{d}x}=xy\dfrac{\mathrm{d}y}{\mathrm{d}x}$；

（3）$y'=\dfrac{y}{x}+\tan\dfrac{y}{x}$.

3. 求下列微分方程的通解或特解.

（1）$y'+y=\mathrm{e}^{-x}$；　　（2）$y'\cos x+y\sin x=1$；

（3）$\dfrac{\mathrm{d}y}{\mathrm{d}x}+\dfrac{y}{x}=\dfrac{x+1}{x},y\big|_{x=2}=3$；　　（4）$\dfrac{\mathrm{d}y}{\mathrm{d}x}=\dfrac{y}{x+y^2}$；

（5）$y'=\dfrac{1}{x\cos y+\sin 2y}$；　　（6）$\dfrac{\mathrm{d}x}{\mathrm{d}y}=\dfrac{2x}{x+y},y\big|_{x=2}=1$.

4. 设某曲线在任意点 (x,y) 处的切线的斜率等于该点横坐标的平方减 3，且该曲线过点 $(3,4)$，求此曲线方程.

5. 一质点作变速直线运动，其速度与质点到原点的距离成正比，已知质点在 10 s 时与原点相距 100 m，在 15 s 时与原点相距 200 m，求质点的运动规律.

6. 快艇以匀速度 $v_0=5$ m/s 在静水上前进，当发动机停止 5 s 后速度减至 3 m/s. 已知阻力与运动速度成正比，试求快艇的速度随时间的变化规律.

6.3　二阶线性微分方程及其解的结构

◇ 主要内容

1．二阶线性微分方程的概念

形如

$$y''+P(x)y'+Q(x)y=f(x) \tag{6.3-1}$$

的方程称为**二阶线性微分方程**. 当 $f(x)\neq 0$ 时，方程（6.3-1）称为**二阶非齐次线性方程**；当 $f(x)\equiv 0$ 时，方程变为

$$y''+P(x)y'+Q(x)y=0 \tag{6.3-2}$$

方程（6.3-2）称为**二阶齐次线性方程**.

2．二阶齐次线性微分方程解的结构

定义　如果两个函数 $y_1(x)$ 与 $y_2(x)$ 的比满足

$$\frac{y_1(x)}{y_2(x)}=k\ (k\text{ 为常数}),$$

则称函数 $y_1(x)$ 与 $y_2(x)$ **线性相关**，否则称 $y_1(x)$ 与 $y_2(x)$ **线性无关**.

定理 1　如果 $y_1(x),y_2(x)$ 是齐次方程（6.3-2）的两个线性无关的特解，则

$$y=C_1y_1(x)+C_2y_2(x)$$

是方程（6.3-2）的通解，其中 C_1 和 C_2 是任意常数.

3．二阶非齐次线性微分方程的解的结构

定理 2　设 $y^*(x)$ 是二阶非齐次线性微分方程（6.3-1）的一个特解，$Y(x)$ 是方程（6.3-1）所对应的齐次方程（6.3-2）的通解，则

$$y=Y(x)+y^*(x) \tag{6.3-3}$$

是非齐次方程（6.3-1）的通解.

定理 3　设 $y_1^*(x)$ 与 $y_2^*(x)$ 分别是方程

$$y''+P(x)y'+Q(x)y=f_1(x)$$

与

$$y''+P(x)y'+Q(x)y=f_2(x)$$

的特解，则 $y_1^*(x)+y_2^*(x)$ 是方程

$$y''+P(x)y'+Q(x)y=f_1(x)+f_2(x)$$

的特解.

这一定理通常称为线性微分方程的解的**叠加原理**.

◇ 例题解析

例 1 验证 $y_1=e^{x^2}$ 及 $y_2=xe^{x^2}$ 都是方程 $y''-4xy'+(4x^2-2)y=0$ 的解，并写出该方程的通解.

解 先验证 $y_1=e^{x^2}$ 是方程 $y''-4xy'+(4x^2-2)y=0$ 的解.

由 $y_1=e^{x^2}$，得

$$y_1'=2xe^{x^2}, \quad y_1''=2e^{x^2}+4x^2e^{x^2}.$$

则
$$y''-4xy'+(4x^2-2)y=2e^{x^2}+4x^2e^{x^2}-4x\cdot 2xe^{x^2}+(4x^2-2)e^{x^2}=0.$$

所以，y_1 是方程的解.

同理 y_2 也是方程的解.

又因为 $\dfrac{y_1}{y_2}=\dfrac{e^{x^2}}{xe^{x^2}}=\dfrac{1}{x}\neq$ 常数，即 y_1 与 y_2 是方程的两个线性无关的特解，因此方程的通解为

$$y=C_1e^{x^2}+C_2xe^{x^2}.$$

例 2 验证 $y_1=e^{2x}$ 及 $y_2=xe^{2x}$ 都是方程 $y''-4y'+4y=0$ 的解，写出该方程的通解，并求出满足初始条件 $y|_{x=0}=2, y'|_{x=0}=1$ 的特解.

解 将 $y_1'=2e^{2x}, y_1''=4e^{2x}, y_2'=(1+2x)e^{2x}, y_2''=4(1+x)e^{2x}$ 分别代入原方程得

$$y_1''-4y_1'+4y_1=4e^{2x}-4(2e^{2x})+4e^{2x}=0;$$

$$y_2''-4y_2'+4y_2=4(1+x)e^{2x}-4(1+2x)e^{2x}+4xe^{2x}=0.$$

所以，y_1, y_2 都是方程的解，且 y_1, y_2 线性无关，故方程的通解为

$$y=C_1e^{2x}+C_2xe^{2x}.$$

又

$$y'=2C_1e^{2x}+C_2e^{2x}+2C_2xe^{2x}=(2C_1+C_2+2C_2x)e^{2x},$$

将 $y|_{x=0}=2,\ y'|_{x=0}=1$ 代入上式，解得 $C_1=2,\ C_2=-3$. 则所求的特解为

$$y=2e^{2x}-3xe^{2x}.$$

例 3　验证 $y=\mathrm{e}^{-2x}(C_1\cos\sqrt{5}x+C_2\sin\sqrt{5}x)$ 是方程 $y''+4y'+9y=0$ 的通解.

解　设 $y_1=\mathrm{e}^{-2x}\cos\sqrt{5}x,\ y_2=\mathrm{e}^{-2x}\sin\sqrt{5}x$，则

$$y_1'=-2\mathrm{e}^{-2x}\cos\sqrt{5}x-\sqrt{5}\mathrm{e}^{-2x}\sin\sqrt{5}x,$$
$$y_1''=\mathrm{e}^{-2x}(4\sqrt{5}\sin\sqrt{5}x-\cos\sqrt{5}x);$$
$$y_2'=\mathrm{e}^{-2x}(-2\sin\sqrt{5}x+\sqrt{5}\cos\sqrt{5}x),$$
$$y_2''=-\mathrm{e}^{-2x}(\sin\sqrt{5}x-4\sqrt{5}\cos\sqrt{5}x).$$

将 y_1, y_1' 和 y_1'' 代入 $y''+4y'+9y=0$ 知，等式成立；将 y_2, y_2' 和 y_2'' 代入 $y''+4y'+9y=0$ 知，等式成立. 又因为 $\dfrac{y_1}{y_2}=\dfrac{\mathrm{e}^{-2x}\cos\sqrt{5}x}{\mathrm{e}^{-2x}\sin\sqrt{5}x}=\cot\sqrt{5}x\neq$ 常数，即 $y_1=\mathrm{e}^{-2x}\cos\sqrt{5}x$ 与 $y_2=\mathrm{e}^{-2x}\sin\sqrt{5}x$ 线性无关，故

$$y=\mathrm{e}^{-2x}(C_1\cos\sqrt{5}x+C_2\sin\sqrt{5}x)$$

是方程 $y''+4y'+9y=0$ 的通解.

◇ 精选习题

一、判断题（正确的在括号里填√，错误的在括号里填×）

1. 方程 $y''+(\sin x)y'+(\cos x)y=\tan x$ 是二阶线性微分方程.　　（　　）
2. 方程 $y''+2xy'+3xy=4x$ 是二阶非齐次线性微分方程.　　（　　）
3. 函数 $\sin^2 x-1$ 与 $2\cos^2 x$ 线性无关.　　（　　）
4. 函数 e^{3x} 与 e^{3x-4} 线性相关.　　（　　）
5. 函数 $y=3^x$ 与 $y=3^{x+2}$ 是方程 $y''+P(x)y'+Q(x)y=0$ 的两个解，则 $y=C_1 3^x+C_2 3^{x+2}$ 是该方程的通解.　　（　　）

二、填空题

1. 设 $y^*(x)=\sin x$ 是二阶非齐次线性微分方程 $y''+P(x)y'+Q(x)y=f(x)$ 的一个特解，$Y(x)$ 是方程所对应的齐次方程 $y''+P(x)y'+Q(x)y=0$ 的通解，则 $y=Y(x)+\sin x$ 是非齐次线性微分方程 $y''+P(x)y'+Q(x)y=f(x)$ 的__________.

2. 设 $y_1^*(x)$ 与 $y_2^*(x)$ 分别是方程 $y''+P(x)y'+Q(x)y=f_1(x)$ 与 $y''+P(x)y'+Q(x)y=f_2(x)$ 的特解，则 $y_1^*(x)+y_2^*(x)$ 是方程________________的特解.

3. 设 $f(x)$ 为连续函数，且满足 $\int_0^x tf(t)\mathrm{d}t=f(x)+x^2$，则 $f(x)=$________________.

4. 一曲线通过原点，且它在点 (x,y) 处的切线斜率为 $2x+y$，则曲线方程为__________.

5. 曲线经过点 $M(0,1)$ 且在点 $M(0,1)$ 处与直线 $y=\dfrac{1}{2}x+1$ 相切，则该曲线方程为________.

三、选择题

1. 方程 $2x+y-2+(1-2x)y'=0$ 是（　　）.

A. 可分离变量的微分方程　　B. 一阶齐次微分方程

C. 一阶齐次线性微分方程　　D. 一阶非齐次线性微分方程

2. 下列方程中是可分离变量的是（　　）.

A. $\sin(xy)\mathrm{d}x+\mathrm{e}^{y}\mathrm{d}y=0$　　B. $x\sin y\mathrm{d}x+y^2\mathrm{d}y=0$

C. $(1+xy)\mathrm{d}x+y^2\mathrm{d}y=0$　　D. $\sin(x+y)\mathrm{d}x+\mathrm{e}^{xy}\mathrm{d}y=0$

3. 微分方程 $y''-2y'+y=0$ 的解是（　　）.

A. $y=x^2\mathrm{e}^x$　　B. $y=\mathrm{e}^x$　　C. $y=\mathrm{e}^{-x}$　　D. $y=x^3\mathrm{e}^x$

4. 若 $y_1(x)$ 与 $y_2(x)$ 是某个二阶齐次线性方程的解，则 $C_1y_1(x)+C_2y_2(x)$（C_1,C_2都是常数）必是该方程的（　　）.

A. 通解　　B. 特解　　C. 解　　D. 全部解

5. 下列函数中是微分方程 $y''-7y'+12y=0$ 的解的是（　　）.

A. $y=x^2$　　B. $y=x^3$　　C. $y=\mathrm{e}^{2x}$　　D. $y=\mathrm{e}^{3x}$

四、解答题

1. 求下列微分方程的通解.

（1）$y''=2x+\cos x$；　　（2）$y''=\sin x-\cos x$；

（3）$y''=y'+\mathrm{e}^x$；　　（4）$xy''+(y')^2=y'$.

2. 判断下列各组函数是否线性相关.

（1）$\sin^2 x$ 与 $\cos^2 x-1$；　　（2）3^{3x} 与 3^{4x}；

（3）$3\mathrm{e}^{2x}$ 与 e^{2x+3}；　　（4）$3x^2$ 与 $5x+1$.

3. 设 $f(x)$ 可微分且满足 $\int_0^{3x} f\left(\dfrac{t}{3}\right)\mathrm{d}t+\mathrm{e}^{2x}=f(x)$，求 $f(x)$.

4. 设 $\int_0^x f(t)\mathrm{d}t=\mathrm{e}^x-1-f(x)$，求 $f(x)$.

5. 求解初值问题：

（1）$\begin{cases} y'-y=\mathrm{e}^x \\ y\big|_{x=1}=1 \end{cases}$；　　（2）$\begin{cases} \dfrac{\mathrm{d}y}{\mathrm{d}x}+\dfrac{y}{x}=\dfrac{\sin x}{x} \\ y\big|_{x=\pi}=1 \end{cases}$.

6.4　二阶常系数齐次线性微分方程

◇ 主要内容

二阶常系数齐次线性微分方程的一般形式是

$$y''+py'+q=0\,(p,\ q\ \text{为常数}).\tag{6.4-1}$$

方程（6.4-1）的特征方程为

$$r^2+pr+q=0.\qquad (6.4\text{-}2)$$

求方程（6.4-1）的通解的步骤如下：

（1）写出微分方程所对应的特征方程 $r^2+pr+q=0$；

（2）求出特征方程的两个根 r_1, r_2；

（3）根据特征方程的两个根的不同情况，按照表 6.4-1 写出微分方程的通解：

表 6.4-1

特征方程 $r^2+pr+q=0$ 的根的情形	微分方程 $y''+py'+qy=0$ 的通解
两个不等的实根 r_1,r_2	$y=C_1e^{r_1x}+C_2e^{r_2x}$
两个相等的实根 $r_1=r_2$	$y=(C_1+C_2x)e^{r_1x}$
一对共轭复根 $r_1=\alpha+i\beta, r_2=\alpha-i\beta$	$y=e^{\alpha x}(C_1\cos\beta x+C_2\sin\beta x)$

◇ 例题解析

例 1　求微分方程 $y''-y'-12y=0$ 的通解.

解　这是一个二阶常系数齐次线性微分方程. 它所对应的特征方程为

$$r^2-r-12=0,$$

它的两个不等的实根为 $r_1=4, r_2=-3$. 因此原方程的通解为

$$y=C_1e^{4x}+C_2e^{-3x}.$$

例 2　求微分方程 $2y''-2\sqrt{6}y'+3y=0$ 满足初始条件 $y|_{x=0}=0, y'|_{x=0}=1$ 的特解.

解　这是一个二阶常系数齐次线性微分方程. 它所对应的特征方程为

$$2r^2-2\sqrt{6}r+3=0,$$

它的两个相等的实根为 $r_1=r_2=\dfrac{\sqrt{6}}{2}$. 因此原方程的通解为

$$y=(C_1+C_2x)e^{\frac{\sqrt{6}}{2}x}.$$

又

$$y'=C_2e^{\frac{\sqrt{6}}{2}x}+(C_1+C_2x)\frac{\sqrt{6}}{2}e^{\frac{\sqrt{6}}{2}x}.$$

将条件 $y|_{x=0}=0, y'|_{x=0}=1$ 分别代入上述两个式子，得 $C_1=0, C_2=1$. 所以，满足初始条件的特解为

$$y=xe^{\frac{\sqrt{6}}{2}x}.$$

例 3　求以函数 $y_1=e^{7x}$ 和 $y_2=e^{-x}$ 为解的二阶常系数齐次微分方程.

解　由 $y_1=e^{7x}, y_2=e^{-x}$ 得特征方程的根：$r_1=7, r_2=-1$. 故二阶常系数齐次微分方程为

$$y''-6y'-7=0.$$

例 4 求 $y''-4y'+9y=0$ 满足初始条件 $y|_{x=0}=1, y'|_{x=0}=3$ 的特解.

解 这是一个二阶常系数齐次线性微分方程. 它所对应的特征方程为

$$r^2-4r+9=0,$$

其特征根为一对共轭复根 $r_1=2-\sqrt{5}\mathrm{i}$ 和 $r_2=2+\sqrt{5}\mathrm{i}$. 因此原方程的通解为

$$y=\mathrm{e}^{2x}(C_1\cos\sqrt{5}x+C_2\sin\sqrt{5}x).$$

又

$$y'=\mathrm{e}^{2x}[(2C_1+\sqrt{5}C_2)\cos\sqrt{5}x+(2C_1-\sqrt{5}C_2)\sin\sqrt{5}x].$$

将初始条件 $y|_{x=0}=1, y'|_{x=0}=3$ 分别代入上述两个式子，解得 $C_1=1, C_2=\dfrac{\sqrt{5}}{5}$. 所以，满足初始条件的特解为

$$y=\mathrm{e}^{2x}\left(\cos\sqrt{5}x+\frac{\sqrt{5}}{5}\sin\sqrt{5}x\right).$$

◇ 精选习题

一、判断题（正确的在括号里填√，错误的在括号里填×）

1. 方程 $\dfrac{\mathrm{d}^2y}{\mathrm{d}x^2}+2\dfrac{\mathrm{d}y}{\mathrm{d}x}-3y=0$ 的特征方程是 $r^2+2r-3=0$. （ ）

2. 方程 $\dfrac{\mathrm{d}^2y}{\mathrm{d}x^2}+2\dfrac{\mathrm{d}y}{\mathrm{d}x}+y=0$ 的特解是 $y=\mathrm{e}^x$ 和 $y=\mathrm{e}^{2x}$. （ ）

3. 方程 $\dfrac{\mathrm{d}^2y}{\mathrm{d}x^2}+6\dfrac{\mathrm{d}y}{\mathrm{d}x}+18y=0$ 的通解是 $y=\mathrm{e}^{-3x}(C_1\cos3x+C_2\sin3x)$. （ ）

4. 因为 $y=\mathrm{e}^{2x}$ 和 $y=x\mathrm{e}^{2x}$ 都是方程 $y''-4y'+4y=0$ 的解，则该方程的通解为 $y=\mathrm{e}^{2x}(C_1+C_2x)$（$C_1,C_2$ 为任意常数). （ ）

5. 以函数 $y_1=\mathrm{e}^{3x}$ 和 $y_2=\mathrm{e}^{4x}$ 为解的二阶常系数齐次微分方程是 $y''+7y'+12y=0$. （ ）

二、填空题

1. 微分方程 $3y''-2y'-8y=0$ 的特征方程为________；通解为________.

2. 微分方程 $9y''-12y'+y=0$ 的特征根为________；通解为________.

3. 以函数 $y_1=\mathrm{e}^{3x}$ 和 $y_2=x\mathrm{e}^{3x}$ 为解的二阶常系数齐次微分方程是________.

4. 以 $r_1=4-3\mathrm{i}, r_2=4+3\mathrm{i}$ 为特征根的二阶齐次线性微分方程是________.

5. 微分方程 $3y''-2y'-8y=0,\ y|_{x=0}=1,\ y'|_{x=0}=-1$ 满足初始条件 $y|_{x=0}=0,\ y'|_{x=0}=1$ 的特解是________.

三、选择题

1. 下列方程中为二阶齐次线性微分方程的是（ ）.

A. $y''-3y=0$　　　　B. $y^2-2y'+3y=0$

C. $(y'')^2-3y'+2y=0$　　　　D. $(y')^2-2(y')^2+3y=0$

2. 已知 $y_1=2x^2, y_2=3x^3$ 是二阶齐次线性微分方程 $y''+p(x)y'+q(x)y=0$ 的两个解，则该方程的通解为（　　）.

A. $C_1x^2+C_2x^3$　　B. $2C_1x^2+C_2x^3$　　C. $C_1x^2+3C_2x^3$　　D. $2C_1x^2+3C_2x^3$

3. 下列函数中线性无关的是（　　）.

A. 2^x 与 2^{x+2}　　B. e^x 与 e^{2x}　　C. 2^x 与 2^{2x}　　D. e^x 与 e^{x+2}

4. 方程 $y''-2y'+10y=0$ 的通解是（　　）.

A. $y=C_1e^x+C_2e^{3x}$　　　　B. $y=C_1e^x+C_2e^{-3x}$

C. $y=e^x(C_1\cos 3x+C_2\sin 3x)$　　　　D. $y=e^{-x}(C_1\cos 3x+C_2\sin 3x)$

5. 已知函数 $y=5x^2$ 是方程 $xy'=2y$ 的解，则方程的通解为（　　）.

A. $y=5x^2+C$　　B. $y=Cx^2$　　C. $y=(x+C)x^2$　　D. $y=5(x^2+C)$

四、解答题

1. 求微分方程的通解或特解.

（1）$y''=x^2$；　　　　（2）$y''=3\sqrt{y}, y|_{x=0}=1, y'|_{x=0}=2$；

（3）$y''-y'=x$；　　　　（4）$xy''+y'=0$；

（5）$yy''-(y')^2-2y=0$；　　　　（6）$yy'=y'', y|_{x=0}=1, y'|_{x=0}=1$.

2. 求下列微分方程的通解或特解.

（1）$y''+y'-2y=0$；

（2）$y''-9y=0$；

（3）$y''+4y'+4y=0$；

（4）$y''-4y'+3y=0,\ y|_{x=0}=-2,\ y'|_{x=0}=0$；

（5）$4y''+4y'+y=0, y|_{x=0}=2, y'|_{x=0}=0$；

（6）$y''+y'+5=0$；

（7）$9y''-6y'+7y=0$.

3. 已知函数 $f(x)(x\in\mathbf{R})$ 满足：（1）$f''(x)=f'(x)$；（2）$f(0)=2, f'(0)=6$，求 $f(x)$.

6.5　二阶常系数非齐次线性微分方程

◇ 主要内容

二阶常系数非齐次线性微分方程的一般形式是

$$y''+py'+q=f(x)\ (p,q\ 为常数).\tag{6.5-1}$$

方程（6.5-1）的通解为

$$y = Y(x) + y^*(x), \qquad (6.5\text{-}2)$$

其中 $y^*(x)$是方程（6.5-1）的一个特解，$Y(x)$是对应的齐次方程的通解.

1. $f(x)=e^{\lambda x}P_m(x)$型

结论 1 若 $f(x)=e^{\lambda x}P_m(x)$，其中 λ 为常数，$P_m(x)$ 为 x 的一个 m 次多项式，则方程（6.5-1）具有形如

$$y^*(x)=x^k R_m(x)e^{\lambda x}$$

的特解，其中 $R_m(x)$ 是与 $P_m(x)$ 同次数（m 次）的多项式，而 k 值如下确定：

（1）如果 λ 不是特征方程（6.5-2）的根，取 $k=0$，即 $y^*(x)=R_m(x)e^{\lambda x}$；

（2）如果 λ 是特征方程（6.5-2）的单根，取 $k=1$，即 $y^*(x)=xR_m(x)e^{\lambda x}$；

（3）如果 λ 是特征方程（6.5-2）的重根，取 $k=2$，即 $y^*(x)=x^2R_m(x)e^{\lambda x}$.

2. $f(x)=e^{\lambda x}[P_l(x)\cos\omega x+P_n(x)\sin\omega x]$型

结论 2 若 $f(x)=e^{\lambda x}[P_l(x)\cos\omega x+P_n(x)\sin\omega x]$，其中 λ,ω 为常数，$P_l(x),P_n(x)$ 分别为 x 的 l 次、n 次多项式，则方程（6.5-1）具有形如：

$$y^*(x)=x^k e^{\lambda x}[R_m^{(1)}(x)\cos\omega x+R_m^2(x)\sin\omega x]$$

的特解，其中 $R_m^{(1)}(x),R_m^{(2)}(x)$ 是 x 的 m 次多项式，$m=\max\{l,n\}$，而 k 值如下确定：

（1）若 $\lambda+i\omega$(或 $\lambda-i\omega$)不是方程（6.5-2）的特征方程的根，取 $k=0$，即

$$y^*(x)=e^{\lambda x}[R_m^{(1)}(x)\cos\omega x+R_m^2(x)\sin\omega x];$$

（2）若 $\lambda+i\omega$(或 $\lambda-i\omega$)是方程（6.5-2）的特征方程的单根，取 $k=1$，即

$$y^*(x)=xe^{\lambda x}[R_m^{(1)}(x)\cos\omega x+R_m^2(x)\sin\omega x].$$

◇ 例题解析

例 1 求微分方程 $y''-5y'+6y=\cos x+x\sin x$ 的一个特解，并求出通解.

解 方程所对应的特征方程为 $r^2-5r+6=0$，其根为 $r_1=2, r_2=3$.

由 $f(x)=\cos x+x\sin x$ 知，$\lambda=0, l=0, n=1, m=\max\{l,n\}=1, \omega=1$，且 $\lambda+i\omega=0+i$ 不是特征方程的根，因此，可设原二阶非齐次线性微分方程的一个特解为

$$y^*(x)=(ax+b)\cos x+(cx+d)\sin x.$$

将 $y^*(x)$ 代入原方程并整理，得

$$[(5a-5c)x-5a+5b+2c-5d]\cos x+[(5a+5c)x-2a+5b-5c+5d]\sin x=\cos x+x\sin x.$$

比较等式两边同类项的系数，得

$$\begin{cases}(5a-5c)x-5a+5b+2c-5d=1\\(5a+5c)x-2a+5b-5c+5d=x\end{cases},$$

从而

$$\begin{cases}5a-5c=0\\-5a+5b+2c-5d=1\\5a+5c=1\\-2a+5b-5c+5d=0\end{cases}.$$

解上述方程组得 $a=\dfrac{1}{10}, b=\dfrac{1}{5}, c=\dfrac{1}{10}, d=-\dfrac{3}{50}$. 所以

$$y^*(x)=\left(\frac{1}{10}x+\frac{1}{5}\right)\cos x+\left(\frac{1}{10}x-\frac{3}{50}\right)\sin x.$$

所以原方程的通解为

$$y=C_1\mathrm{e}^{2x}+C_2\mathrm{e}^{3x}+\left(\frac{1}{10}x+\frac{1}{5}\right)\cos x+\left(\frac{1}{10}x-\frac{3}{50}\right)\sin x.$$

例 2　求微分方程 $y''-y=x\mathrm{e}^x+x\sin 2x$ 的通解.

解　对应的齐次方程的特征方程 $r^2-1=0$，其根为 $r_1=-1, r_2=1$，故对应的齐次方程的通解为

$$Y(x)=C_1\mathrm{e}^{-x}+C_2\mathrm{e}^x.$$

先求方程 $y''-y=x\mathrm{e}^x$ 的一个特解 $y_1^*(x)$.

由结论 1 知，它有形如 $y_1^*(x)=x(a+bx)\mathrm{e}^x$ 的特解. 将 $y_1^*(x)$ 代入 $y''-y=x\mathrm{e}^x$，并整理得

$$2(a+b)+4bx=x.$$

比较等式两边 x 的同次幂的系数得 $a=-\dfrac{1}{4}, b=\dfrac{1}{4}$. 从而

$$y_1^*(x)=x\left(-\frac{1}{4}+\frac{1}{4}x\right)\mathrm{e}^x=\frac{1}{4}(x^2-x)\mathrm{e}^x.$$

再求方程 $y''-y=x\sin 2x$ 的一个特解 $y_2^*(x)$.

由结论 2 知，它有形如 $y_2^*(x)=(Ax+B)\cos 2x+(Cx+D)\sin 2x$ 的特解，将 $y_2^*(x)$ 代入 $y''-y=x\sin 2x$，并整理得

$$(-5Ax-5B+4C)\cos 2x-(5Cx+4A+5D)\sin 2x=x\sin 2x.$$

比较等式两边同类项的系数，得

$$\begin{cases}-5Ax-5B+4C=0\\-(5Cx+4A+5D)=x\end{cases}.$$

从而
$$\begin{cases}-5A=0\\-5B+4C=0\\-5C=1\\-(4A+5D)=0\end{cases}.$$

解上方程组得 $A=D=0,C=-\dfrac{1}{5},B=-\dfrac{4}{25}$. 所以

$$y_2^*(x)=-\frac{4}{25}\cos 2x-\frac{x}{5}\sin 2x.$$

由 6.3 节定理 3，得原方程的通解为

$$y=Y(x)+y_1^*(x)+y_2^*(x)=C_1\mathrm{e}^{-x}+C_2\mathrm{e}^{x}+\frac{1}{4}(x^2-x)\mathrm{e}^{x}-\frac{4}{25}\cos 2x-\frac{x}{5}\sin 2x.$$

例 3 求方程 $\dfrac{\mathrm{d}y}{\mathrm{d}x}=y-\dfrac{2x}{y}$ 满足初始条件 $y|_{x=0}=1$ 的特解.

解 原方程不是线性方程，但通过适当变换，可将它化为线性方程. 将原方程改写为

$$y\frac{\mathrm{d}y}{\mathrm{d}x}-y^2=-2x \quad 或 \quad \frac{1}{2}\frac{\mathrm{d}y^2}{\mathrm{d}x}-y^2=-2x.$$

若令 $z=y^2$，可得未知函数 z 满足微分方程：

$$\frac{1}{2}\frac{\mathrm{d}z}{\mathrm{d}x}-z=-2x \quad 或 \quad \frac{\mathrm{d}z}{\mathrm{d}x}-2z=-4x.$$

这是变量 z 关于 x 的一阶线性方程. $P(x)=-2, Q(x)=-4x$，代入通解公式，得

$$z=\mathrm{e}^{-\int(-2)\mathrm{d}x}\left[\int(-4x\mathrm{e}^{\int(-2)\mathrm{d}x})\mathrm{d}x+C\right]=\mathrm{e}^{2x}\left[\int(-4x\mathrm{e}^{-2x})\mathrm{d}x+C\right]=2x+1+C\mathrm{e}^{2x}.$$

故
$$y=\pm\sqrt{z}=\pm\sqrt{2x+1+C\mathrm{e}^{2x}}.$$

将初始条件 $x=0,y=1$ 代入上式可得 $C=0$，且根号前面取“+”，则所求特解为

$$y=\sqrt{2x+1}.$$

◇ 精选习题

一、判断题（正确的在括号里填√，错误的在括号里填×）

1. 方程 $\dfrac{\mathrm{d}^2y}{\mathrm{d}x^2}+2\dfrac{\mathrm{d}y}{\mathrm{d}x}-3y=1$ 是二阶常系数非齐次微分方程. （ ）
2. 方程 $y''-4y'+4y=\mathrm{e}^{-x}$ 的特解结构是 $y^*=a\mathrm{e}^{-x}$. （ ）
3. 方程 $y''-4y'+4y=\sin 2x$ 的特解结构是 $y^*=a\cos 2x+b\sin 2x$. （ ）

4. 方程 $\frac{d^2y}{dx^2}+2\frac{dy}{dx}+10y=e^{-x}\sin 3x$ 的特解结构是 $y^*=xe^{-x}(a\cos 3x+b\sin 3x)$.　　(　　)

5. 方程 $\frac{d^2y}{dx^2}+2\frac{dy}{dx}+10y=x$ 的特解结构是 $y^*=ax+b$.　　(　　)

二、填空题

1. 微分方程 $y''-4y'+3y=6$ 的通解为________.

2. 微分方程 $y''-3y'+2y=5$ 满足初始条件 $y|_{x=0}=1, y'|_{x=0}=2$ 的特解为________.

3. 微分方程 $y''-y'=4xe^x$ 满足初始条件 $y|_{x=0}=0, y'|_{x=0}=1$ 的特解是________.

4. 微分方程 $y''+4y=2\cos 2x$ 满足初始条件 $y|_{x=0}=0, y'|_{x=0}=2$ 的特解________.

5. 微分方程 $y''-4y'+3y=3xe^x$ 的通解为________.

三、选择题

1. 下列方程中为二阶非齐次线性微分方程的是（　　）.

A. $y''-3y=x$　　B. $y^2-2y'+3y=\sin x$

C. $(y'')^2-3y'+2y=e^x$　　D. $(y')^2-2(y')^2+3y=e^x\sin x$

2. 二阶非齐次线性微分方程 $y''-2y'+5y=e^x\cos 2x$ 的一个特解应具有的形式为（　　）.

A. $e^x(A\cos 2x+B\sin 2x)$　　B. $2e^x\cos 2x$

C. $xe^x(A\cos 2x+B\sin 2x)$　　D. $x^2e^x(A\cos 2x+B\sin 2x)$

3. 微分方程 $y''+y=3\sin x+4\cos x$ 的特解形式为（　　）.

A. $x(a\cos x+b\sin x)$　　B. $x^2(a\cos x+b\sin x)$

C. $a\cos x+b\sin x$　　D. $x^3(a\cos x+b\sin x)$

4. 函数 $y=y(x)$ 的图形上点 $(0,-2)$ 的切线方程为 $2x-3y=6$，且该函数满足微分方程 $y''=6x$，则此函数为（　　）.

A. $y=3x^2+2$　　B. $y=x^3-2$

C. $y=x^3+\frac{2}{3}x-2$　　D. $y=x^3+\frac{2}{3}x$

5. 线性微分方程 $y''-2y'-3y=e^{3x}$ 的一个特解应具有的形式为（　　）.

A. $y^*=\frac{1}{4}e^{3x}$　　B. $y^*=xe^{3x}$

C. $y=\frac{1}{4}xe^{3x}$　　D. $y=\frac{1}{4}x^2e^{3x}$

四、解答题

1. 解下列微分方程.

（1）$y''-2y'-3y=3x+1$；　　（2）$2y''-3y'-y=2e^x$；

（3）$y''-2y'+y=e^x$；　　（4）$y''+y'-2y=8\sin 2x$；

（5）$y''+y=\sin x$；　　（6）$y''+y+\sin 2x=0, y|_{x=\pi}=1, y'|_{x=\pi}=1$；

（7）$y''-10y'+9y=e^{2x}, y\big|_{x=0}=\dfrac{6}{7}, y'\big|_{x=0}=\dfrac{33}{7}$.

2. 方程 $y''+4y=\sin x$ 的一条积分曲线过点 $(0,1)$，并在这一点与直线 $y=1$ 相切，求此曲线方程.

3. 一质量为 m 的潜水艇从水面由静止状态下沉，所受阻力与下沉速度成正比（比例系数为 $k>0$），试求潜水艇下沉深度与时间 t 的关系式.

4. 一质点在一直线上由静止状态开始运动，其加速度 $a=-4s(t)+3\sin t$，求运动方程 $s=s(t)$，并求其离起点的最大距离.

第 7 章
向量代数与空间解析几何

7.1 空间直角坐标系

◇ 主要内容

1．空间直角坐标系的概念

在空间取定一点 O，过点 O 作三条两两相互垂直且具有相同长度单位的数轴：x 轴（横轴)、y 轴（纵轴)、z 轴（竖轴)，统称为**坐标轴**，点 O 称为坐标**原点**. 任意两条坐标轴所确定的平面称为坐标面，即 xOy 面、yOz 面、zOx 面，三个坐标平面将空间分成八个**卦限**，这八个卦限分别用Ⅰ、Ⅱ、Ⅲ、Ⅳ、Ⅴ、Ⅵ、Ⅶ、Ⅷ表示，如图 7.1-1 所示.

画直角坐标系时，x 轴、y 轴和 z 轴的正向通常符合右手法则. 即以右手握住 z 轴，其余四指从 x 轴的正向以 90° 角转向 y 轴的正向时，大拇指伸直的方向就是 z 轴的正向，空间中的点 P 与有序实数组 (x,y,z) 具有一一对应关系. 有序实数组 (x,y,z) 称为称点 P 的**坐标**，记作 $P(x,y,z)$，并分别称 x,y,z 为点 P 的横坐标、纵坐标和竖坐标.

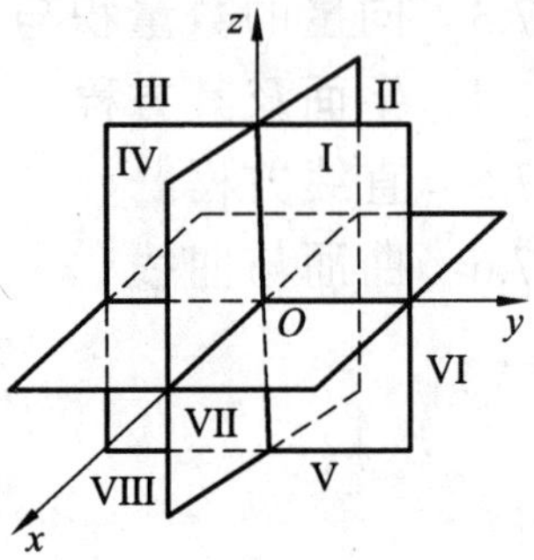

图 7.1-1

2．空间两点间的距离公式

设 $P_1(x_1,y_1,z_1), P_2(x_2,y_2,z_2)$ 为空间任意两点，则空间**两点间的距离公式**为

$$|P_1P_2| = \sqrt{(x_2-x_1)^2+(y_2-y_1)^2+(z_2-z_1)^2}\ .$$

◇ 例题解析

例 1 用折线法在空间直角坐标系中画出下列各点：$A(-2,1,-3), B(2,-2,1), C(4,-3,2)$.

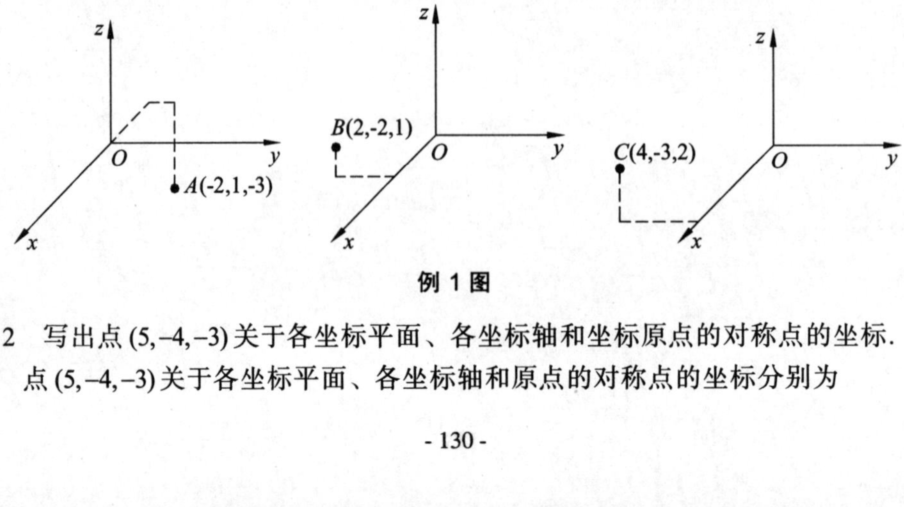

例 1 图

例 2 写出点 $(5,-4,-3)$ 关于各坐标平面、各坐标轴和坐标原点的对称点的坐标.

解 点 $(5,-4,-3)$ 关于各坐标平面、各坐标轴和原点的对称点的坐标分别为

	xOy 面	yOz 面	zOx 面	x 轴	y 轴	z 轴	原点
对称点	$(5,-4,3)$	$(-5,-4,-3)$	$(5,4,-3)$	$(5,4,3)$	$(-5,-4,3)$	$(-5,4,-3)$	$(-5,4,3)$

例 3　在 z 轴上求与点 $A(-1,2,-3)$ 和 $B(2,-1,4)$ 等距离的点 P.

解　由于所求的点 P 在 z 轴上，可设该点的坐标为 $(0,0,z)$，依题意有

$$|PA|=|PB|.$$

由两点间的距离公式得

$$\sqrt{(-1-0)^2+(2-0)^2+(-3-z)^2}=\sqrt{(2-0)^2+(-1-0)^2+(4-z)^2}$$

解之得 $z=\dfrac{1}{2}$. 所以所求的点为 $P\left(0,0,\dfrac{1}{2}\right)$.

◇ 精选习题

一、判断题（正确的在括号里填√，错误的在括号里填×）

1. 点 $(-2,1,4)$ 在第二卦限.　　(　　)
2. 点 $(0,1,2)$ 在 x 轴上.　　(　　)
3. 点 $(1,2,3)$ 到 xOy 面上的距离为 3.　　(　　)
4. 过点 $P(-2,3,-1)$ 作坐标平面 yOz 的垂线，垂足坐标为 $(-2,0,-1)$.　　(　　)
5. 两点 $P_1(1,2,3)$ 和 $O(0,0,0)$ 之间的距离为 $\sqrt{14}$.　　(　　)

二、填空题

1. 点 $A(3,1,-2)$ 关于 xOz 平面的对称点的坐标为_______，关于坐标原点的对称点的坐标为______.
2. 过点 $P(-2,3,-1)$ 作 y 轴的垂线，垂足的坐标为____________.
3. 在 x 轴上与点 $A(3,1,-1)$ 和点 $B(-2,2,3)$ 等距离的点的坐标为__________.
4. 两点 $A(-3,1,1)$ 和 $B(3,2,-2)$ 之间的距离为_____________.
5. 两点 $A(a,1,2)$ 和 $B(3,2,-2)$ 之间的距离为 5，则 $a=$_______________.

三、选择题

1. 点 $(3,-2,-4)$ 在第（　　）卦限

A. 3　　B. 4　　C. 5　　D. 6

2. 点 $(3,-2,-4)$ 与它关于原点的对称点之间的距离为（　　）.

A. 29　　B. $\sqrt{29}$　　C. $2\sqrt{29}$　　D. 58

3. 过点 $(2,-2,4)$ 作 yOz 平面的垂线，垂足的坐标为（　　）.

A. $(0,-2,-4)$　　B. $(2,0,4)$　　C. $(2,-2,0)$　　D. $(2,0,0)$

4. 两点 $A(0,1,2)$ 和 $B(1,b,-2)$ 之间的距离为 6，则 $a=$（　　）.

A. $1+\sqrt{19}$　　B. $1-\sqrt{19}$　　C. $1\pm\sqrt{19}$　　D. 20

5. 已知点 $A(-1,1,2)$，则下列结论成立的是（　　）.

A. 关于原点的对称点的坐标是 $(1,1,-2)$

B. 关于 x 轴的对称点的坐标是 $(1,1,2)$

C. 关于 y 轴的对称点的坐标是 $(-1,1,-2)$

D. 关于 yOz 平面的对称点的坐标是 $(-1,-1,-2)$

四、解答题

1. 判定下列各点在第几卦限或在哪个坐标轴、坐标面上.

$$P_1(-2,4,5),\ P_2(4,3,-1),\ P_3(-2,7,11),\ P_4(0,0,3),\ P_5(4,4,4).$$

2. 过点 $P(3,-2,-4)$ 作各坐标平面和各坐标轴的垂线，试写出垂足的坐标.

3. 点 $P(6,-3,8)$ 到 y 轴的距离为（　　），它到 xOz 面的距离为（　　）.

4. 用折线法在空间直角坐标系中画出下列各点：$A(-3,4,-2), B(2,0,-5), C(4,-3,-2)$.

5. 求两点 $P_1(-5,-2,4)$ 和 $P_2(4,-3,3)$ 之间的距离.

6. 在 y 轴上求与两点 $A(-3,2,-6)$ 和 $B(5,-7,-1)$ 等距离的点的坐标.

7. 写出点 $A(-3,2,-1)$ 关于 xOz 平面、y 轴、坐标原点的对称点的坐标.

8. 求点 $B(-4,3,4)$ 到坐标原点及各坐标轴间的距离.

9. 在 xOz 面上，求与三点 $A(1,3,2), B(-2,4,-2)$ 和 $C(5,0,1)$ 等距离的点.

10. 边长为 a 的正方体放置在 yOz 面上，其底面中心在坐标原点，底面边长分别平行于 y 轴和 z 轴，各棱平行于 x 轴，求该正方体各顶点的坐标.

11. 以点 $P_1(2,3,1)$ 和 $P_2(4,6,3)$ 连成的线段为对角线作一个长方体.

7.2　向量的概念与向量的线性运算

◇ 主要内容

1. 向量的概念

定义 1　只有大小，没有方向的量，称为**数量**（或**标量**）. 既有大小，又有方向的量，称为**向量**（或**矢量**）.

以 A 为起点、B 为终点的有向线段所表示的向量记为 $\overline{AB}$. 向量的大小称为向量的**模**. 模为 1 的向量称为**单位向量**，常用 $\boldsymbol{e}$ 来表示；模为 0 的向量称为**零向量**，记为 $\vec{0}$ 或 $\boldsymbol{0}$，规定：零向量的方向是任意的.

若向量 $\boldsymbol{a}$ 和 $\boldsymbol{b}$ 的模相等，方向相同，则称**向量 $\boldsymbol{a}$ 与 $\boldsymbol{b}$ 相等**，记为 $\boldsymbol{a}=\boldsymbol{b}$.

设两个向量 $\boldsymbol{a}$ 与 $\boldsymbol{b}$ 的夹角为 $\theta(0\leqslant\theta\leqslant\pi)$，当 $\theta=\dfrac{\pi}{2}$ 时，称**向量 $\boldsymbol{a}$ 与 $\boldsymbol{b}$ 垂直**，记作 $\boldsymbol{a}\perp\boldsymbol{b}$；当 $\theta=0$

或 $\theta=\pi$ 时，两个向量 $\boldsymbol{a}$ 与 $\boldsymbol{b}$ 的方向相同或相反，称**向量 $\boldsymbol{a}$ 与 $\boldsymbol{b}$ 平行**，记作 $\boldsymbol{a}/\!/\boldsymbol{b}$. 由于零向量的方向是任意的，因此可以认为零向量与任何向量都垂直和平行. 平行向量又称共线向量.

2. 向量的线性运算

向量的加法、减法以及数与向量的乘法统称为**向量的线性运算**.

1）向量的加减法

法则 1（平行四边形法则） 设两个非零向量 $\boldsymbol{a}$ 与 $\boldsymbol{b}$ 不平行，以 $\boldsymbol{a},\boldsymbol{b}$ 为边的平行四边形的对角线所表示的向量，称为向量 $\boldsymbol{a}$ 与 $\boldsymbol{b}$ 的和向量，记为 $\boldsymbol{a}+\boldsymbol{b}$，这就是向量加法的**平行四边形法则**，如图 7.2-1（a）所示.

法则 2（三角形法则） 若以向量 $\boldsymbol{a}$ 的终点作为向量 $\boldsymbol{b}$ 的起点，则从向量 $\boldsymbol{a}$ 的起点到向量 $\boldsymbol{b}$ 的终点的向量也是向量 $\boldsymbol{a}$ 与 $\boldsymbol{b}$ 的和向量，这是向量加法的**三角形法则**，如图 7.2-1（b）所示.

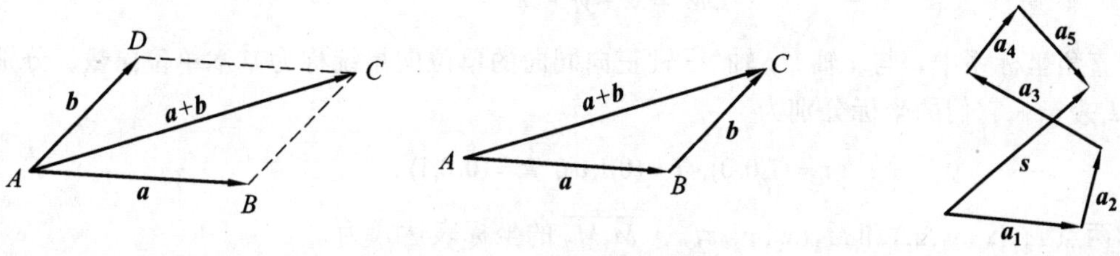

（a）平行四边形法则　　（b）三角形法则　　（c）多边形法则

图 7.2-1　向量的加法

由三角形法则可以推导出 n 个向量相加的**多边形法则**：以前一个向量的终点作为下一个向量的起点，相继作向量 $\boldsymbol{a}_1,\boldsymbol{a}_2,\cdots,\boldsymbol{a}_n$，再以第一个向量的起点为起点，最后一个向量的终点为终点作一向量，这个向量即为向量 $\boldsymbol{a}_1,\boldsymbol{a}_2,\cdots,\boldsymbol{a}_n$ 的和向量，如图 7.2-1(c) 所示，$\boldsymbol{s}=\boldsymbol{a}_1+\boldsymbol{a}_2+\cdots+\boldsymbol{a}_n$.

向量加法符合下列运算规律：

（1）**交换律**：$\boldsymbol{a}+\boldsymbol{b}=\boldsymbol{b}+\boldsymbol{a}$；

（2）**结合律**：$(\boldsymbol{a}+\boldsymbol{b})+\boldsymbol{c}=\boldsymbol{a}+(\boldsymbol{b}+\boldsymbol{c})$.

与向量 $\boldsymbol{a}$ 的模相同而方向相反的向量叫做 $\boldsymbol{a}$ 的**负向量**，记作 $-\boldsymbol{a}$. 由此，我们规定：两个向量 $\boldsymbol{b}$ 与 $\boldsymbol{a}$ 的差，记作 $\boldsymbol{b}-\boldsymbol{a}=\boldsymbol{b}+(-\boldsymbol{a})$.

特别地，当 $\boldsymbol{b}=\boldsymbol{a}$ 时，$\boldsymbol{a}-\boldsymbol{a}=\boldsymbol{a}+(-\boldsymbol{a})=\boldsymbol{0}$.

2）数与向量的乘积

非零实数 λ 与向量 $\boldsymbol{a}$ 的**乘积**仍是一个向量，记作 $\lambda\boldsymbol{a}$，规定：

（1）$\lambda\boldsymbol{a}$ 的模：$|\lambda\boldsymbol{a}|=|\lambda||\boldsymbol{a}|$；

（2）$\lambda\boldsymbol{a}$ 的方向由 λ 的符号确定：当 $\lambda>0$ 时与 $\boldsymbol{a}$ 同向；当 $\lambda<0$ 时与 $\boldsymbol{a}$ 反向.

如果 $\lambda=0$ 或 $\boldsymbol{a}=\boldsymbol{0}$，规定：$\lambda\boldsymbol{a}=\boldsymbol{0}$.

数与向量的乘积运算满足下列运算规律：

（1）**结合律**：$\lambda(\mu\boldsymbol{a})=\mu(\lambda\boldsymbol{a})=(\lambda\mu)\boldsymbol{a}$.

（2）**分配律**：$\lambda(\boldsymbol{a}+\boldsymbol{b})=\lambda\boldsymbol{a}+\lambda\boldsymbol{b}$；

$(\lambda+\mu)\boldsymbol{a}=\lambda\boldsymbol{a}+\mu\boldsymbol{b}$，

其中λ,μ都是常数.

定理 $\boldsymbol{b}/\!/\boldsymbol{a}(\boldsymbol{a}\neq\boldsymbol{0})\Leftrightarrow\boldsymbol{b}=\lambda\boldsymbol{a}$（$\lambda$为常数,且$\lambda\neq0$).

3．向量的坐标

1）向量坐标的概念

定义 2 空间直角坐标系 $O\text{-}xyz$ 中，把已知向量 $\boldsymbol{a}$ 的起点移到原点 O 时，若其终点为 $P(x,y,z)$，则 $\boldsymbol{a}=\overrightarrow{OP}$，$\overrightarrow{OP}$ 称为向径，记为 $\boldsymbol{r}$. 点 P 的坐标 (x,y,z) 称为**向量 $\boldsymbol{a}$ 的坐标**，记为 $\boldsymbol{a}=(x,y,z)$，即向量 $\boldsymbol{a}$ 的坐标就是与其相等的向径终点的坐标. 向径 $\overrightarrow{OM}$ 的**坐标表达式**为

$$\overrightarrow{OM}=x\boldsymbol{i}+y\boldsymbol{j}+z\boldsymbol{k}.$$

空间直角坐标系中，与 x 轴、y 轴、z 轴正向同向的单位向量统称为**基本单位向量**，分别用 $\boldsymbol{i}$、$\boldsymbol{j}$、$\boldsymbol{k}$ 表示，它们的坐标分别为

$$\boldsymbol{i}=(1,0,0),\ \boldsymbol{j}=(0,1,0),\ \boldsymbol{k}=(0,0,1).$$

已知两点 $M_1(x_1,y_1,z_1)$ 和 $M_2(x_2,y_2,z_2)$，$\overrightarrow{M_1M_2}$ 的坐标表达式为

$$\overrightarrow{M_1M_2}=(x_2-x_1)\boldsymbol{i}+(y_2-y_1)\boldsymbol{j}+(z_2-z_1)\boldsymbol{k}.$$

数组 $(x_2-x_1,\,y_2-y_1,\,z_2-z_1)$ 为**向量 $\overrightarrow{M_1M_2}$ 的坐标**，记为

$$\boldsymbol{a}=\overrightarrow{M_1M_2}=(x_2-x_1,y_2-y_1,z_2-z_1).$$

若 $\boldsymbol{a}=(a_x,a_y,a_z)=a_x\boldsymbol{i}+a_y\boldsymbol{j}+a_z\boldsymbol{k}$，$a_x,a_y,a_z$ 称为向量 $\boldsymbol{a}$ 在 x,y,z 轴上的**投影**，$a_x\boldsymbol{i}$，$a_y\boldsymbol{j}$，$a_z\boldsymbol{k}$ 称为向量 $\boldsymbol{a}$ 在 x,y,z 轴上的**分向量**.

注：若 $\boldsymbol{a}$ 与 $\boldsymbol{b}$ 的夹角为 θ，则 $\boldsymbol{a}$ 在 $\boldsymbol{b}$ 上投影为 $|\boldsymbol{a}|\cdot\cos\theta$.

2）向量的模和单位向量的坐标表示

向量 $\boldsymbol{a}=a_x\boldsymbol{i}+a_y\boldsymbol{j}+a_z\boldsymbol{k}$ 的模为

$$|\boldsymbol{a}|=\sqrt{a_x^2+a_y^2+a_z^2}.$$

与 $\boldsymbol{a}$ 同向的单位向量为

$$\boldsymbol{e}=\frac{\boldsymbol{a}}{|\boldsymbol{a}|}=\frac{1}{|\boldsymbol{a}|}(a_x,a_y,a_z)=\frac{a_x\boldsymbol{i}+a_y\boldsymbol{j}+a_z\boldsymbol{k}}{\sqrt{a_x^2+a_y^2+a_z^2}}.$$

3）向量的方向角与方向余弦

非零向量 $\overrightarrow{OM}=(x,y,z)$ 与 x 轴、y 轴、z 轴正向的夹角 α,β,γ（其中 $0\leqslant\alpha\leqslant\pi,0\leqslant\beta\leqslant\pi,$

$0 \leqslant \gamma \leqslant \pi$）称为向量 $\overrightarrow{OM}$ 的**方向角**，方向角 α, β, γ 的余弦 $\cos\alpha, \cos\beta, \cos\gamma$ 称为向量 $\overrightarrow{OM}$ 的**方向余弦**，如图 7.2-2 所示.

$$\cos\alpha = \frac{x}{\sqrt{x^2+y^2+z^2}} = \frac{x}{|\overrightarrow{OM}|}, \cos\beta = \frac{y}{\sqrt{x^2+y^2+z^2}} = \frac{y}{|\overrightarrow{OM}|}, \cos\gamma = \frac{z}{\sqrt{x^2+y^2+z^2}} = \frac{z}{|\overrightarrow{OM}|}.$$

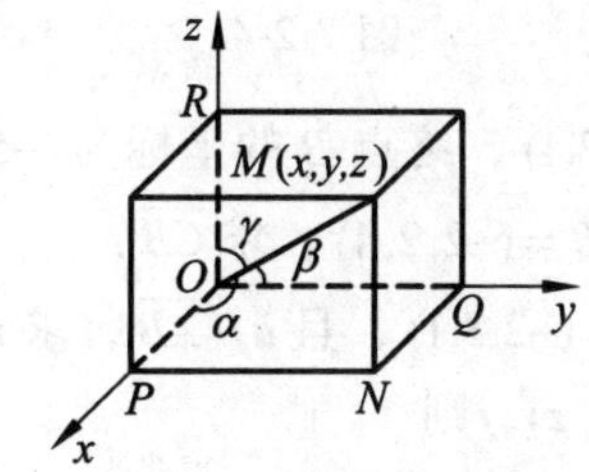

图 7.2-2　方向角与方向余弦

方向余弦具有如下性质：

（1）$\cos^2\alpha + \cos^2\beta + \cos^2\gamma = 1$；

（2）$\boldsymbol{e} = (\cos\alpha, \cos\beta, \cos\gamma)$ 是 $\overrightarrow{OM}$ 的单位向量.

4．线性运算的坐标表示

设向量 $\boldsymbol{a} = (a_x, a_y, a_z), \boldsymbol{b} = (b_x, b_y, b_z)$，则

（1）加法：$\boldsymbol{a} + \boldsymbol{b} = (a_x + b_x)\boldsymbol{i} + (a_y + b_y)\boldsymbol{j} + (a_z + b_z)\boldsymbol{k} = (a_x + b_x, a_y + b_y, a_z + b_z)$；

（2）减法：$\boldsymbol{a} - \boldsymbol{b} = (a_x - b_x, a_y - b_y, a_z - b_z)$；

（3）数与向量的乘积：$\lambda\boldsymbol{a} = (\lambda a_x, \lambda a_y, \lambda a_z)$；

（4）两向量平行的充要条件：$\boldsymbol{a} /\!/ \boldsymbol{b} \Leftrightarrow \frac{b_x}{a_x} = \frac{b_y}{a_y} = \frac{b_z}{a_z}$ $(\boldsymbol{a} \neq \boldsymbol{0})$；

（5）两向量相等：$\boldsymbol{a} = \boldsymbol{b} \Leftrightarrow a_x = b_x, a_y = b_y, a_z = b_z$.

◇ 例题解析

例 1　如图 7.2-3，已知向量 $\boldsymbol{a}, \boldsymbol{b}, \boldsymbol{c}, \boldsymbol{d}$，求作：（1）$\boldsymbol{a} + 2\boldsymbol{b} - \boldsymbol{c}$；（2）$\boldsymbol{b} - 2\boldsymbol{c} - \boldsymbol{d}$；（3）$\boldsymbol{a} - \boldsymbol{b} + \boldsymbol{c} - \boldsymbol{d}$.

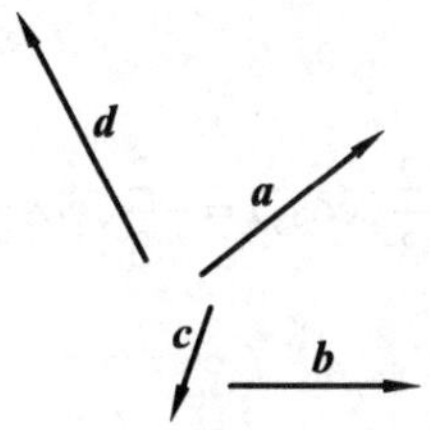

图 7.2-3

解　用多边形法则作图（图 7.2-4）如下：

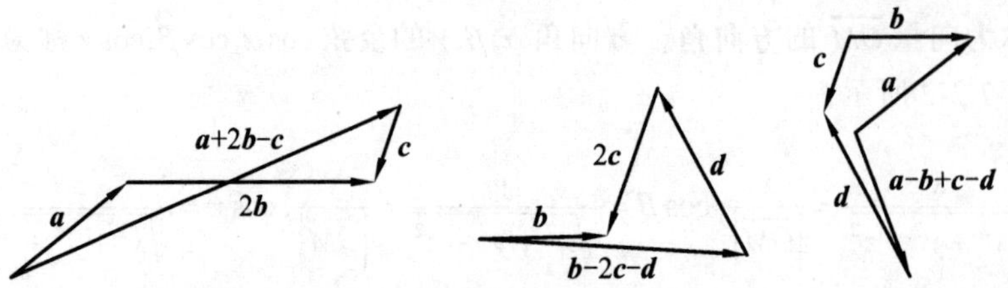

图 7.2-4

例 2 （1）已知向量 $\overrightarrow{AB}=(-2,3,1)$，终点 B 的坐标为 $(-5,2,-4)$，求起点 A 的坐标.

（2）已知向量 $\overrightarrow{AC}=(-2,3,1),\overrightarrow{AB}=(-2,2,4)$，求 $\overrightarrow{CB}$.

（3）若向量 $\boldsymbol{a}=(m,6,n)$，$\overrightarrow{AB}=(-2,3,1)$，且 $\boldsymbol{a}/\!/\overrightarrow{AB}$，求 m,n.

解 （1）设点 A 的坐标为(x,y,z)，则

$$\overrightarrow{AB}=(-5-x,2-y,-4-z)=(-2,3,1).$$

所以 $x=-3,y=-1,z=-5$，即点 A 的坐标为 $(-3,-1,-5)$.

（2）$\overrightarrow{CA}=(2,-3,-1)$，所以

$$\overrightarrow{CB}=\overrightarrow{CA}+\overrightarrow{AB}=(2,-3,-1)+(-2,2,4)=(0,-1,3).$$

（3）因为 $\boldsymbol{a}/\!/\overrightarrow{AB}$，所以

$$\frac{m}{-2}=\frac{6}{3}=\frac{n}{1}.$$

于是 $m=-4,n=2$.

例 3 已知点 $M_1(3,4,-1)$ 和 $M_2(1,2,-2)$，求（1）向量 $\overrightarrow{M_1M_2}$ 的模；（2）与向量 $\overrightarrow{M_1M_2}$ 同向的单位向量；（3）求向量 $\overrightarrow{M_1M_2}$ 的方向角 α,β,γ.

解 （1）因为 $\overrightarrow{M_1M_2}=(-2,-2,-1)$，故

$$\left|\overrightarrow{M_1M_2}\right|=\sqrt{(-2)^2+(-2)^2+(-1)^2}=3.$$

（2）与向量 $\overrightarrow{M_1M_2}$ 同向的单位向量：

$$\boldsymbol{e}=\frac{\overrightarrow{M_1M_2}}{\left|\overrightarrow{M_1M_2}\right|}=\left(-\frac{2}{3},-\frac{2}{3},-\frac{1}{3}\right).$$

（3）向量 $\overrightarrow{M_1M_2}$ 的方向余弦：

$$\cos\alpha=-\frac{2}{3},\cos\beta=-\frac{2}{3},\cos\gamma=-\frac{1}{3},$$

解得方向角为

$$\alpha=\arccos\left(-\frac{2}{3}\right),\beta=\arccos\left(-\frac{2}{3}\right),\gamma=\arccos\left(-\frac{1}{3}\right).$$

◇ 精选习题

一、判断题（正确的在括号里填√，错误的在括号里填×）

1. 零向量没有方向.　（　）
2. 模为 1 的向量称为单位向量.　（　）
3. 向量的投影非负.　（　）
4. $\boldsymbol{a}//\left(-\dfrac{2}{3}\boldsymbol{a}\right)$.　（　）
5. 向量 $\overrightarrow{OM}$ 的方向余弦 $\cos\alpha,\cos\beta,\cos\gamma$ 满足式子：$\cos^2\alpha+\cos^2\beta+\cos^2\gamma=1$.　（　）

二、填空题

1. 已知向量 $\boldsymbol{a}=(1,2,4),\boldsymbol{b}=(-3,1,-1)$，则 $2\boldsymbol{a}+\boldsymbol{b}=$________，$3\boldsymbol{a}-2\boldsymbol{b}=$________.
2. 与向量 $\boldsymbol{a}=3\boldsymbol{i}-\boldsymbol{j}+2\boldsymbol{k}$ 平行的单位向量是________.
3. 已知两点 $P_1(3,-1,2)$ 和 $P_2(-1,2,0)$，则向量 $\overrightarrow{P_1P_2}$ 的模为______，方向余弦为_______.
4. 若 $\boldsymbol{a}=(1,2,-4),\boldsymbol{b}=(2,3,-1)$，则 $|2\boldsymbol{a}-4\boldsymbol{b}|=$________.
5. 已知向量 $\boldsymbol{a}=(3,x-1,y)$，$\boldsymbol{b}=(3,-4,1)$，若 $2\boldsymbol{a}=3\boldsymbol{b}$，则 $x=$______，$y=$______.

三、选择题.

1. 下列说法正确的是（　　）.

A. 标量只有大小，没有方向　　B. 向量既有大小，又有方向

C. 零向量平行于任何非零向量　　D. 平行向量统称为共线向量

2. 已知向量 $\boldsymbol{c}=(2,-4,5)$，则下列结果不正确的是（　　）.

A. $2\boldsymbol{c}=(4,-8,10)$　　B. $|\boldsymbol{c}|=\sqrt{45}$

C. 与 $\boldsymbol{c}$ 相反的向量为 $(-2,4,-5)$　　D. 与 $\boldsymbol{c}$ 同向的单位向量为 $\left(\dfrac{2}{\sqrt{45}},\dfrac{-4}{\sqrt{45}},\dfrac{5}{\sqrt{45}}\right)$

3.下列两个向量平行的是（　　）.

A. $\boldsymbol{a}=(1,-2,1)$ 与 $\boldsymbol{b}=(2,-3,2)$　　B. $\boldsymbol{a}=(1,-2,1)$ 与 $\boldsymbol{b}=(2,-4,2)$

C. $\boldsymbol{a}=(2,-2,-3)$ 与 $\boldsymbol{b}=(2,-4,4)$　　D. $\boldsymbol{a}=(2,-3,-4)$ 与 $\boldsymbol{b}=(2,-4,4)$

4. 下列结论正确的是（　　）.

A. 向量 $\boldsymbol{a}=3\boldsymbol{i}-2\boldsymbol{j}-\boldsymbol{k}$ 在 y 轴上的投影是 2

B. 向量 $\boldsymbol{a}=3\boldsymbol{i}-2\boldsymbol{j}-\boldsymbol{k}$ 在 y 轴上的投影是 -2

C. 与向量 $\boldsymbol{a}=3\boldsymbol{i}-2\boldsymbol{j}-\boldsymbol{k}$ 反向的单位向量是 $\boldsymbol{e}=\dfrac{3}{\sqrt{14}}\boldsymbol{i}-\dfrac{2}{\sqrt{14}}\boldsymbol{j}-\dfrac{1}{\sqrt{14}}\boldsymbol{k}$

D. 与向量 $\boldsymbol{a}=3\boldsymbol{i}-2\boldsymbol{j}-\boldsymbol{k}$ 反向的单位向量是 $\boldsymbol{e}=-\dfrac{3}{\sqrt{14}}\boldsymbol{i}+\dfrac{2}{\sqrt{14}}\boldsymbol{j}+\dfrac{1}{\sqrt{14}}\boldsymbol{k}$

5. 下列各组向量不平行的是（　　）.

A. $\boldsymbol{a}=(0,2,-4),\boldsymbol{b}=(0,4,-8)$　　B. $\boldsymbol{c}=(-2,0,0),\boldsymbol{d}=(1,0,0)$

C. $\boldsymbol{u}=(0,-2,8),\boldsymbol{v}=(0,-4,12)$　　D. $\boldsymbol{m}=(2,-2,1),\boldsymbol{n}=(4,-4,2)$

四、解答题

1. 已知向量 $\boldsymbol{a}=(1,0,4), \boldsymbol{b}=(3,-47,-1)$，求 $3\boldsymbol{a}-2\boldsymbol{b}$ 和 $2\boldsymbol{a}+5\boldsymbol{b}$.

2. 已知向量 $\boldsymbol{a}=(y-3,x-1,2), \boldsymbol{b}=(x+3,y-4,2)$，若 $\boldsymbol{a}=\boldsymbol{b}$，求 x 和 y.

3. 已知两点 $P_1(5,2,-3)$ 和 $P_2(3,-3,0)$，求向量 $\overrightarrow{P_1P_2}$ 的模、方向余弦和方向角.

4. 已知两点 $M_1(2,2,-3)$ 和 $M_2(-6,4,0)$，求向量 $\overrightarrow{M_1M_2}$，$-2\overrightarrow{M_2M_1}$ 和 $4\overrightarrow{M_1M_2}$.

5. 判断下列各组向量是否平行.

（1）$\boldsymbol{a}=(1,3,0), \boldsymbol{b}=(1.5,4.5,0)$；（2）$\boldsymbol{c}=(2,4,6), \boldsymbol{d}=(1,2,-3)$；

（3）$\boldsymbol{u}=(0,-2,8), \boldsymbol{v}=(0,-1,4)$；（3）$\boldsymbol{m}=(7,-2,8), \boldsymbol{n}=(0,0,0)$.

6. 已知向量 $\boldsymbol{m}=4\boldsymbol{i}-5\boldsymbol{j}+4\boldsymbol{k}$ 和 $\boldsymbol{n}=3\boldsymbol{i}+3\boldsymbol{j}-5\boldsymbol{k}$，且 $\boldsymbol{a}=2\boldsymbol{m}-3\boldsymbol{n}$，求向量 $\boldsymbol{a}$ 和与之同向的单位向量.

7. 设向量 $\boldsymbol{a}=3\boldsymbol{i}-2\boldsymbol{j}+2\boldsymbol{k}, \boldsymbol{b}=2\boldsymbol{i}+2\boldsymbol{j}-\boldsymbol{k}$，若 $3\boldsymbol{a}-\boldsymbol{b}+2\boldsymbol{c}=\boldsymbol{0}$，求 $\boldsymbol{c}$.

8. 证明以三点 $A(4,3,1), B(7,1,2), C(5,2,3)$ 为顶点的三角形是等腰三角形.

7.3　向量的数量积与向量积

◇ 主要内容

1．向量的数量积的概念

1）数量积的定义

定义 1　设向量 $\boldsymbol{a},\boldsymbol{b}$ 的夹角为 θ，它们的模与其夹角的余弦的乘积称为向量 $\boldsymbol{a}$ 与 $\boldsymbol{b}$ 的**数量积**，记作 $\boldsymbol{a}\cdot\boldsymbol{b}$，即

$$\boldsymbol{a}\cdot\boldsymbol{b}=|\boldsymbol{a}||\boldsymbol{b}|\cos\theta .$$

数量积有以下性质和运算规律：

（1）$\boldsymbol{a}\cdot\boldsymbol{a}=\boldsymbol{a}^2=|\boldsymbol{a}|^2$；

（2）$\boldsymbol{a}\perp\boldsymbol{b}\Leftrightarrow\boldsymbol{a}\cdot\boldsymbol{b}=0$；

（3）交换律：$\boldsymbol{a}\cdot\boldsymbol{b}=\boldsymbol{b}\cdot\boldsymbol{a}$；

（4）分配律：$\boldsymbol{a}\cdot(\boldsymbol{b}+\boldsymbol{c})=\boldsymbol{a}\cdot\boldsymbol{b}+\boldsymbol{a}\cdot\boldsymbol{c}$；

（5）结合律：$\boldsymbol{a}\cdot(\lambda\boldsymbol{b})=\lambda(\boldsymbol{a}\cdot\boldsymbol{b})$，

其中 $\boldsymbol{a},\boldsymbol{b},\boldsymbol{c}$ 为向量，λ 为常数.

由于三个基本单位向量 $\boldsymbol{i},\boldsymbol{j},\boldsymbol{k}$ 互相垂直，所以

$$\boldsymbol{i}\cdot\boldsymbol{j}=\boldsymbol{j}\cdot\boldsymbol{k}=\boldsymbol{k}\cdot\boldsymbol{i}=\boldsymbol{j}\cdot\boldsymbol{i}=\boldsymbol{k}\cdot\boldsymbol{j}=\boldsymbol{i}\cdot\boldsymbol{k}=0,\ \boldsymbol{i}\cdot\boldsymbol{i}=\boldsymbol{j}\cdot\boldsymbol{j}=\boldsymbol{k}\cdot\boldsymbol{k}=1 .$$

2）数量积的坐标表示

设向量 $\boldsymbol{a}=(a_x,a_y,a_z),\boldsymbol{b}=(b_x,b_y,b_z)$，则

$$\boldsymbol{a}\cdot\boldsymbol{b}=a_xb_x+a_yb_y+a_zb_z.$$

由数量积的定义 $\boldsymbol{a}\cdot\boldsymbol{b}=|\boldsymbol{a}||\boldsymbol{b}|\cos\theta$ 得到，非零向量 $\boldsymbol{a}$ 和 $\boldsymbol{b}$ 的夹角 θ 的余弦为

$$\cos\theta=\frac{\boldsymbol{a}\cdot\boldsymbol{b}}{|\boldsymbol{a}||\boldsymbol{b}|}=\frac{a_xb_x+a_yb_y+a_zb_z}{\sqrt{a_x^2+a_y^2+a_z^2}\cdot\sqrt{b_x^2+b_y^2+b_z^2}}.$$

2．向量的矢量积的概念

1）向量的矢量积的定义

定义 2　设向量 $\boldsymbol{a},\boldsymbol{b}$ 的夹角为 θ，若向量 $\boldsymbol{c}$ 满足：

（1）$|\boldsymbol{c}|=|\boldsymbol{a}|\cdot|\boldsymbol{b}|\sin\theta$；

（2）$\boldsymbol{c}$ 同时垂直于向量 $\boldsymbol{a}$ 和 $\boldsymbol{b}$，$\boldsymbol{c}$ 的方向按右手法则从 $\boldsymbol{a}$ 转向 $\boldsymbol{b}$ 来确定（图 7.3-1），则向量 $\boldsymbol{c}$ 叫做向量 $\boldsymbol{a}$ 与 $\boldsymbol{b}$ 的**向量积**，记作 $\boldsymbol{a}\times\boldsymbol{b}$，即

$$\boldsymbol{c}=\boldsymbol{a}\times\boldsymbol{b}.$$

由向量积的定义可知，$\boldsymbol{a}\times\boldsymbol{b}$ 的模等于以 $\boldsymbol{a},\boldsymbol{b}$ 为邻边的平行四边形的面积，如图 7.3-2 所示.

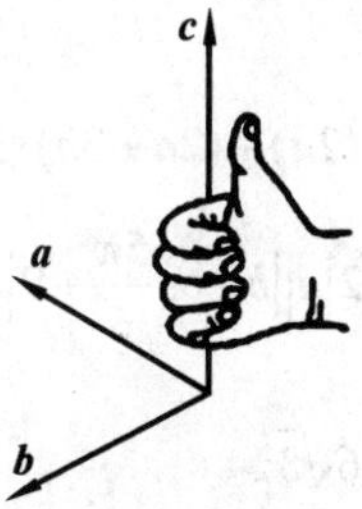

图 7.3-1

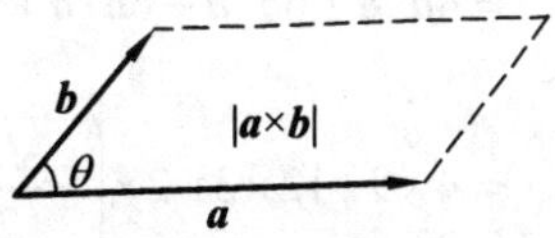

图 7.3-2

向量积有以下性质和运算规律：

（1）$\boldsymbol{a}\times\boldsymbol{a}=\boldsymbol{0}$；

（2）$\boldsymbol{a}\,/\!/\,\boldsymbol{b}\Leftrightarrow\boldsymbol{a}\times\boldsymbol{b}=\boldsymbol{0}$.

（3）$\boldsymbol{a}\times\boldsymbol{b}=-\boldsymbol{b}\times\boldsymbol{a}$；

（4）分配律：$(\boldsymbol{a}+\boldsymbol{b})\times\boldsymbol{c}=\boldsymbol{a}\times\boldsymbol{c}+\boldsymbol{b}\times\boldsymbol{c}$；

（5）结合律：$(\lambda\boldsymbol{a})\times\boldsymbol{b}=\boldsymbol{a}\times(\lambda\boldsymbol{b})=\lambda(\boldsymbol{a}\times\boldsymbol{b})$.

其中 $\boldsymbol{a},\boldsymbol{b},\boldsymbol{c}$ 为向量，λ 为常数.

2）向量积的坐标表示

设 $\boldsymbol{a}=(x_1\boldsymbol{i}+y_1\boldsymbol{j}+z_1\boldsymbol{k}),\boldsymbol{b}=(x_2\boldsymbol{i}+y_2\boldsymbol{j}+z_2\boldsymbol{k})$，则

$$a\times b=\begin{vmatrix} i & j & k \\ x_1 & y_1 & z_1 \\ x_2 & y_2 & z_2 \end{vmatrix}=\begin{vmatrix} y_1 & z_1 \\ y_2 & z_2 \end{vmatrix}i-\begin{vmatrix} x_1 & z_1 \\ x_2 & z_2 \end{vmatrix}j+\begin{vmatrix} x_1 & y_1 \\ x_2 & y_2 \end{vmatrix}k .$$

◇ 例题解析

例 1 已知向量 $\boldsymbol{a}=3\boldsymbol{i}-\boldsymbol{j}+4\boldsymbol{k}, \boldsymbol{b}=-3\boldsymbol{i}-2\boldsymbol{j}+\boldsymbol{k}$，求（1）$|\boldsymbol{a}+2\boldsymbol{b}|$；（2）$\boldsymbol{a}\times(\boldsymbol{a}-\boldsymbol{b})$；（3）以 $\boldsymbol{a},\boldsymbol{b}$ 为邻边的平行四边形的面积

解 （1）$\boldsymbol{a}+2\boldsymbol{b}=(3,-1,4)+2(-3,-2,1)=(-3,-5,6)$.

$$|\boldsymbol{a}+2\boldsymbol{b}|=\sqrt{(-3)^2+(-5)^2+6^2}=\sqrt{70} .$$

（2）$\boldsymbol{a}-\boldsymbol{b}=(6,1,3)$.

$$\boldsymbol{a}\times(\boldsymbol{a}-\boldsymbol{b})=\begin{vmatrix} \boldsymbol{i} & \boldsymbol{j} & \boldsymbol{k} \\ 3 & -1 & 4 \\ 6 & 1 & 3 \end{vmatrix}=-7\boldsymbol{i}+15\boldsymbol{j}+9\boldsymbol{k} .$$

（3）$\boldsymbol{a}\times\boldsymbol{b}=\begin{vmatrix} \boldsymbol{i} & \boldsymbol{j} & \boldsymbol{k} \\ 3 & -1 & 4 \\ -3 & -2 & 1 \end{vmatrix}=7\boldsymbol{i}-15\boldsymbol{j}-9\boldsymbol{k}$.

以 $\boldsymbol{a},\boldsymbol{b}$ 为邻边的平行四边形的面积 $|\boldsymbol{a}\times\boldsymbol{b}|=\sqrt{7^2+(-15)^2+(-9)^2}=\sqrt{355}$.

例 2 已知向量 $\boldsymbol{a},\boldsymbol{b}$ 的夹角为 $\frac{5\pi}{6}$，$|\boldsymbol{a}|=3, |\boldsymbol{b}|=2$，求（1）向量 $\boldsymbol{c}=2\boldsymbol{a}+3\boldsymbol{b}$ 的模；（2）$|\boldsymbol{a}\times\boldsymbol{b}|$.

解 （1）根据数量积的定义和性质，有

$$\begin{aligned}|\boldsymbol{c}|^2&=\boldsymbol{c}\cdot\boldsymbol{c}=(2\boldsymbol{a}+3\boldsymbol{b})\cdot(2\boldsymbol{a}+3\boldsymbol{b})=(2\boldsymbol{a}+3\boldsymbol{b})\cdot(2\boldsymbol{a})+(2\boldsymbol{a}+3\boldsymbol{b})\cdot3\boldsymbol{b}\\&=4\boldsymbol{a}\cdot\boldsymbol{a}+6\boldsymbol{b}\cdot\boldsymbol{a}+6\boldsymbol{a}\cdot\boldsymbol{b}+9\boldsymbol{b}\cdot\boldsymbol{b}=4|\boldsymbol{a}|^2+12|\boldsymbol{a}||\boldsymbol{b}|\cos\frac{5\pi}{6}+9|\boldsymbol{b}|^2\\&=4\times9+12\times3\times2\times\left(-\frac{\sqrt{3}}{2}\right)+36=72-36\sqrt{3} .\end{aligned}$$

（2）$|\boldsymbol{a}\times\boldsymbol{b}|=|\boldsymbol{a}||\boldsymbol{b}|\sin\frac{5\pi}{6}=2\times3\times\frac{1}{2}=3$.

例 3 已知 $\triangle ABC$ 的顶点分别为 $A(1,-3,2),B(1,2,3)$ 和 $C(1,-2,4)$，求 $\triangle ABC$ 的面积.

解 $\overrightarrow{AB}=(0,5,1),\overrightarrow{AC}=(0,1,2)$，则

$$\overrightarrow{AB}\times\overrightarrow{AC}=\begin{vmatrix} \boldsymbol{i} & \boldsymbol{j} & \boldsymbol{k} \\ 0 & 5 & 1 \\ 0 & 1 & 2 \end{vmatrix}=9\boldsymbol{i} ,$$

则 $\left|\overrightarrow{AB}\times\overrightarrow{AC}\right|=9$. 所以 $\triangle ABC$ 的面积为

$$S=\frac{1}{2}\left|\overrightarrow{AB}\times\overrightarrow{AC}\right|=\frac{9}{2}=4.5 .$$

例 4　已知向量 $|\boldsymbol{a}|=4$，$|\vec{b}|=2$，且 $\boldsymbol{a}\perp\boldsymbol{b}$，求（1）$\boldsymbol{a}\cdot\boldsymbol{b}$；（2）$(3\boldsymbol{a}+2\boldsymbol{b})(2\boldsymbol{a}-\boldsymbol{b})$；（3）$|\boldsymbol{a}\times\boldsymbol{b}|$；（4）$(\boldsymbol{a}-\boldsymbol{b})^2$.

解　（1）因为 $\boldsymbol{a}\perp\boldsymbol{b}$，所以 $\boldsymbol{a}\cdot\boldsymbol{b}=0$.

（2）$(3\boldsymbol{a}+2\boldsymbol{b})(2\boldsymbol{a}-\boldsymbol{b})=6\boldsymbol{a}\cdot\boldsymbol{a}-3\boldsymbol{a}\cdot\boldsymbol{b}+4\boldsymbol{b}\cdot\boldsymbol{a}-2\boldsymbol{b}\cdot\boldsymbol{b}$

$$=6|\boldsymbol{a}|^2-2|\boldsymbol{b}|^2=6\times4^2-2\times2^2=88.$$

（3）$|\boldsymbol{a}\times\boldsymbol{b}|=|\boldsymbol{a}||\boldsymbol{b}|\sin 90^\circ=4\times2=8$.

（4）$(\boldsymbol{a}-\boldsymbol{b})^2=(\boldsymbol{a}-\boldsymbol{b})(\boldsymbol{a}-\boldsymbol{b})=\boldsymbol{a}\cdot\boldsymbol{a}-\boldsymbol{a}\cdot\boldsymbol{b}-\boldsymbol{b}\cdot\boldsymbol{a}+\boldsymbol{b}\cdot\boldsymbol{b}$

$$=|\boldsymbol{a}|^2-|\boldsymbol{b}|^2=4^2-2^2=12.$$

◇ 精选习题

一、判断题（正确的在括号里填√，错误的在括号里填×）.

1. 设向量 $\boldsymbol{a},\boldsymbol{b}$ 的夹角为 θ，则向量 $\boldsymbol{a}$ 与 $\boldsymbol{b}$ 的数量积为 $\boldsymbol{a}\cdot\boldsymbol{b}=|\boldsymbol{a}||\boldsymbol{b}|\cos\theta$.　(　　)
2. 设向量 $\boldsymbol{a},\boldsymbol{b}$ 的夹角为 θ，则向量 $\boldsymbol{a}$ 与 $\boldsymbol{b}$ 的向量积为 $\boldsymbol{a}\times\boldsymbol{b}=|\boldsymbol{a}||\boldsymbol{b}|\sin\theta$.　(　　)
3. $\boldsymbol{a}\perp\boldsymbol{b}\Leftrightarrow\boldsymbol{a}\times\boldsymbol{b}=\boldsymbol{0}$.　(　　)
4. $\boldsymbol{a}/\!/\boldsymbol{b}\Leftrightarrow\boldsymbol{a}\cdot\boldsymbol{b}=0$.　(　　)
5. $\boldsymbol{a}\cdot\boldsymbol{a}=|\boldsymbol{a}|^2$.　(　　)

二、填空题

1. $\boldsymbol{a}=(-2,1,3),\boldsymbol{b}=(3,2,-2)$，则 $\boldsymbol{a}\cdot\boldsymbol{b}=$________，$\boldsymbol{a}\times\boldsymbol{b}=$______________.
2. $|\boldsymbol{a}|=2,|\boldsymbol{b}|=3$，$\boldsymbol{a}$ 与 $\boldsymbol{b}$ 的夹角为 $\theta=\dfrac{3\pi}{4}$，则 $\boldsymbol{a}\cdot\boldsymbol{b}=$______，$|\boldsymbol{a}\times\boldsymbol{b}|=$______
3. 已知向量 $|\boldsymbol{a}|=4,|\boldsymbol{b}|=2$，且 $\boldsymbol{a}\perp\boldsymbol{b}$，求（1）$(\boldsymbol{a}+\boldsymbol{b})^2=$______；（2）$(2\boldsymbol{a}-3\boldsymbol{b})^2=$______.
4. 已知向量 $\boldsymbol{a}=2\boldsymbol{i}-3\boldsymbol{j}+\boldsymbol{k},\boldsymbol{b}=\boldsymbol{i}+3\boldsymbol{j}-2\boldsymbol{k}$，求（1）$|\boldsymbol{a}-2\boldsymbol{b}|=$_____；（2）$\boldsymbol{a}\times(\boldsymbol{a}-\boldsymbol{b})=$______.
5. 已知 $\triangle ABC$ 的顶点分别为 $A(2,-1,2),B(-1,-2,3)$ 和 $C(3,-2,4)$，则 $|\overrightarrow{AB}\cdot\overrightarrow{BC}|=$______，$\triangle ABC$ 的面积=____________.

三、选择题

1. $|\boldsymbol{a}|=3,|\boldsymbol{b}|=5$，$\boldsymbol{a}$ 与 $\boldsymbol{b}$ 的夹角为 $\dfrac{2\pi}{3}$，则下列结果正确的是（　　）.

A. $\boldsymbol{a}\cdot\boldsymbol{b}=-7.5$　　B. $|\boldsymbol{a}\cdot\boldsymbol{b}|=7.5$

C. $\boldsymbol{a}$ 在 $\boldsymbol{b}$ 上的投影为 -1.5　　D. $\boldsymbol{b}$ 在 $\boldsymbol{a}$ 上的投影为 -1.5

2. $\boldsymbol{a}=(1,-2,5),\boldsymbol{b}=(2,-2,1)$，$\theta$ 为 $\boldsymbol{a}$ 与 $\boldsymbol{b}$ 的夹角，则有（　　）.

A. $\boldsymbol{a}\cdot\boldsymbol{b}=11$　　B. $\cos\theta=\dfrac{11\sqrt{30}}{90}$

C. $|\boldsymbol{a}|\times\cos\theta=\dfrac{11}{3}$　　D. $|\boldsymbol{b}|\times\cos\theta=\dfrac{11}{30}$

3. 已知向量 $\boldsymbol{a}=(-3,2,-4), \boldsymbol{b}=(-1,0,1)$，则有（　　）.

A. $\boldsymbol{a}\times\boldsymbol{b}=-1$　　B. $\boldsymbol{a}\times\boldsymbol{b}=-4\boldsymbol{i}-3\boldsymbol{k}$

C. $|\boldsymbol{a}\times\boldsymbol{b}|=\sqrt{57}$　　D. $|\boldsymbol{a}\times\boldsymbol{b}|=57$

4. 与向量 $\boldsymbol{a}=(1,1,1)$ 与 $\boldsymbol{b}=(0,2,3)$ 同时垂直的向量是（　　）.

A. $(1,-2,2)$　　B. $\left(\frac{1}{4},-\frac{1}{2},\frac{1}{2}\right)$　　C. $(2,-4,4)$　　D. $(1,3,4)$

5. 下列说法正确的是（　　）.

A. $\boldsymbol{a}\perp\boldsymbol{b}\Leftrightarrow\boldsymbol{a}\times\boldsymbol{b}=\boldsymbol{0}$　　B. $\boldsymbol{a}\times\boldsymbol{b}=\boldsymbol{b}\times\boldsymbol{a}$

C. $\boldsymbol{a}\parallel\boldsymbol{b}\Leftrightarrow\boldsymbol{a}\cdot\boldsymbol{b}=0$　　D. 向量 $\boldsymbol{a}\times\boldsymbol{b}$ 与向量 $\boldsymbol{a}$ 和 $\boldsymbol{b}$ 都垂直

四、解答题

1. 已知向量 $\boldsymbol{a}=\boldsymbol{i}-2\boldsymbol{j}+3\boldsymbol{k}, \boldsymbol{b}=2\boldsymbol{i}-3\boldsymbol{j}+\boldsymbol{k}$，求向量 $\boldsymbol{a}$ 与 $\boldsymbol{b}$ 的夹角.

2. 已知向量 $\boldsymbol{a}=(-3,0,-4), \boldsymbol{b}=(2,0,-1)$，求（1）$3\boldsymbol{a}\cdot2\boldsymbol{b}$；（2）$(3\boldsymbol{a}-\boldsymbol{b})^2$；（3）$(3\boldsymbol{a}+\boldsymbol{b})\cdot(2\boldsymbol{a}+4\boldsymbol{b})$.

3. 设向量 $\boldsymbol{a}=-3\boldsymbol{i}-\boldsymbol{j}-2\boldsymbol{k}, \boldsymbol{b}=3\boldsymbol{i}-3\boldsymbol{j}+\boldsymbol{k}$，求 $\boldsymbol{a}\times\boldsymbol{b}$ 及 $\boldsymbol{a}$ 与 $\boldsymbol{b}$ 的夹角的正弦．

4. 求与向量 $\boldsymbol{a}=3\boldsymbol{i}-\boldsymbol{j}+2\boldsymbol{k}, \boldsymbol{b}=2\boldsymbol{i}-\boldsymbol{j}+3\boldsymbol{k}$ 同时垂直的单位向量 $\boldsymbol{e}$.

5. 已知两向量 $\boldsymbol{a}=2\boldsymbol{i}+\boldsymbol{j}+4\boldsymbol{k}$ 和 $\boldsymbol{b}=\boldsymbol{i}+2\boldsymbol{j}-2\boldsymbol{k}$，以 $\boldsymbol{a}$ 和 $\boldsymbol{b}$ 为邻边作一平行四边形，求该平行四边形的面积.

6. 若一个力 $\boldsymbol{F}=6\boldsymbol{i}+2\boldsymbol{j}+\boldsymbol{k}$ 作用于某质点上，该质点由点 $M_1(1,2,-3)$ 沿直线移动到点 $M_2(2,4,-5)$，求力 $\boldsymbol{F}$ 所做的功.

7. 设 $\boldsymbol{a}=2\boldsymbol{i}-\boldsymbol{j}+3\boldsymbol{k}, \boldsymbol{b}=3\boldsymbol{i}+2\boldsymbol{j}-m\boldsymbol{k}$，求下列情况下 m 的值：（1）$\boldsymbol{a}\parallel\boldsymbol{b}$；（2）$\boldsymbol{a}\perp\boldsymbol{b}$；（3）$\boldsymbol{a}$ 与 $\boldsymbol{b}$ 的夹角为 120°.

8. 已知 $\triangle ABC$ 的顶点分别为 $A(-2,3,2), B(-4,1,3)$ 和 $C(-2,3,1)$，求 $\triangle ABC$ 的面积.

9. 已知两力 $\boldsymbol{F}_1=3\boldsymbol{i}-\boldsymbol{j}+2\boldsymbol{k}$ 和 $\boldsymbol{F}_2=\boldsymbol{i}-4\boldsymbol{j}+3\boldsymbol{k}$ 作用于同一个质点上，该质点由点 $A(2,-1,3)$ 沿直线移动到点 $B(-1,3,2)$，求合力所做的功（力的单位是 kg，长度的单位是 m）.

10. 质量为 20 kg 的物体从点 $A(10,-1,3)$ 沿直线移动到点 $B(2,5,-4)$，求重力所做的功（AB 的长度单位为 m，重力方向为 z 轴负向）.

7.4　平面及其方程

◇ 主要内容

空间解析几何中，任何曲面是动点 $P(x,y,z)$ 的轨迹，用一个三元方程 $F(x,y,z)=0$ 来表示. 平面是最简单的空间曲面.

1. 平面的点法式方程

（1）法向量：如果一非零向量垂直于一个平面，这个向量叫做该平面的**法向量**. 显然，一个平面的法向量有无穷多个，它们之间相互平行；同时，平面上的任一向量都与该平面的法向量垂直.

（2）平面的点法式方程：设 $M_0(x_0,y_0,z_0)$ 为平面 Π 上一定点，向量 $\boldsymbol{n}=(A,B,C)$ 为平面的一个法向量，那么平面 Π 的方程为

$$A(x-x_0)+B(y-y_0)+C(z-z_0)=0 . \tag{7.4-1}$$

2. 平面的一般式方程

（1）将点法式方程 $A(x-x_0)+B(y-y_0)+C(z-z_0)=0$ 化简，得到**平面的一般方程**

$$Ax+By+Cz+D=0 . \tag{7.4-2}$$

① 当 $D=0$ 时，平面通过原点.

② 当 $A=0$ 时，平面平行于 x 轴；

当 $B=0$ 时，平面平行于 y 轴；

当 $C=0$ 时，平面平行于 z 轴.

③ 当 $A=0,B=0$ 时，平面平行于坐标面 xOy；

当 $B=0,C=0$ 时，平面平行于坐标面 yOz；

当 $A=0,C=0$ 时，平面平行于坐标面 zOx.

（2）设 a,b,c 分别为平面的横截距、纵截距和竖截距，则该平面的**截距式方程**为

$$\frac{x}{a}+\frac{y}{b}+\frac{z}{c}=1 . \tag{7.4-3}$$

3. 空间两个平面的位置

设平面 Π_1 和 Π_2 的法向量的夹角为 θ，它们的方程分别为

$$\Pi_1: A_1x+B_1y+C_1z+D_1=0 ,\quad \Pi_2: A_2x+B_2y+C_2z+D_2=0 ,$$

则

$$\cos\theta=\frac{|A_1A_2+B_1B_2+C_1C_2|}{\sqrt{A_1^2+B_1^2+C_1^2}\sqrt{A_2^2+B_2^2+C_2^2}} . \tag{7.4-4}$$

两平面平行和垂直的充要条件为

$$\Pi_1 /\!/ \Pi_2 \Leftrightarrow \frac{A_1}{A_2}=\frac{B_1}{B_2}=\frac{C_1}{C_2}\left(\neq\frac{D_1}{D_2}\right);$$

$$\Pi_1 \perp \Pi_2 \Leftrightarrow A_1A_2+B_1B_2+C_1C_2=0 .$$

◇ 例题解析

例 1　求过点 $M_1(1,-2,1),M_2(2,3,-1),M_3(4,-2,2)$ 的平面方程.

解 $\overrightarrow{M_1M_2}=(1,5,-2),\overrightarrow{M_1M_3}=(3,0,1)$. 则平面的法向量为

$$\boldsymbol{n}=\overrightarrow{M_1M_2}\times\overrightarrow{M_1M_3}=\begin{vmatrix}\boldsymbol{i} & \boldsymbol{j} & \boldsymbol{k}\\1 & 5 & -2\\3 & 0 & 1\end{vmatrix}$$

$$=\boldsymbol{i}\begin{vmatrix}5 & -2\\0 & 1\end{vmatrix}-\boldsymbol{j}\begin{vmatrix}1 & -2\\3 & 1\end{vmatrix}+\boldsymbol{k}\begin{vmatrix}1 & 5\\3 & 0\end{vmatrix}=5\boldsymbol{i}-7\boldsymbol{j}-15\boldsymbol{k}.$$

所以所求平面的方程为

$$5(x-1)-7(y+2)-15(z-1)=0,$$

即

$$5x-7y-15z-4=0.$$

例 2 设 $M_0(x_0,y_0,z_0)$ 是平面 $Ax+By+Cz+D=0$ 外一点，求点 M_0 到这个平面的距离.

解 过 M_0 作这个平面的法向量 $\boldsymbol{n}$，垂足为 $M_1(x_1,y_1,z_1)$，所求距离为 $d=|M_0M_1|$.

由 $\overrightarrow{M_0M_1}\parallel\boldsymbol{n}$，得

$$\frac{x_1-x_0}{A}=\frac{y_1-y_0}{B}=\frac{z_1-z_0}{C}=t,$$

所以

$$\begin{cases}x_1-x_0=At\\y_1-y_0=Bt\\z_1-z_0=Ct\end{cases}.$$

即

$$\begin{cases}x_1=x_0+At\\y_1=y_0+Bt\\z_1=z_0+Ct\end{cases}.$$

所以

$$d=|M_0M_1|=\sqrt{(x_1-x_0)^2+(y_1-y_0)^2+(z_1-z_0)^2}=\sqrt{A^2+B^2+C^2}\,|t|. \tag{1}$$

又因为点 $M_1(x_1,y_1,z_1)$ 在平面上，所以

$$A(x_0+At)+B(y_0+Bt)+C(z_0+Ct)+D=0.$$

从而

$$t=-\frac{Ax_0+By_0+Cz_0+D}{A^2+B^2+C^2}. \tag{2}$$

将（2）式代入（1）式，得

$$d=\frac{|Ax_0+By_0+Cz_0+D|}{\sqrt{A^2+B^2+C^2}}. \tag{7.4-5}$$

（7.4-5）式为点 $M_0(x_0,y_0,z_0)$ 到平面 $Ax+By+Cz+D=0$ 的距离公式.

例 3 已知点 $M_1(1,2,1)$ 和 $M_2(3,6,-5)$，一平面 Π 与线段 M_1M_2 垂直且平分线段，求该平面方程.

解 依题意知，向量 $\overrightarrow{M_1M_2}=(2,4,-6)$ 是平面 Π 的法向量，且平面 Π 经过线段 M_1M_2 的中

点 $(2,4,-2)$，所以，所求平面的方程为

$$2(x-2)+4(y-4)-6(z+2)=0 .$$

整理，得

$$2x+4y-6z-32=0 .$$

例 4　指出下列各平面的位置，并画出图形.

（1）$x=0$；　　　　（2）$y+3=0$；

（3）$x+z=0$；　　　（4）$x+2y-z=3$.

解　如图 7.4-1 所示.

（1）$x=0$ 表示 yOz 平面；

（2）$y+3=0$ 表示过点 $(0,-3,0)$ 且平行于 xOz 面的平面（垂直于 y 轴）；

（3）$x+z=0$ 表示过点 $(1,0,-1)$ 和 $(-1,0,1)$ 且平行于 y 轴的平面；

（4）$x+2y-z=3$ 表示过三点 $(3,0,0)$, $\left(0,\dfrac{3}{2},0\right)$ 和 $(0,0,-3)$ 的平面.

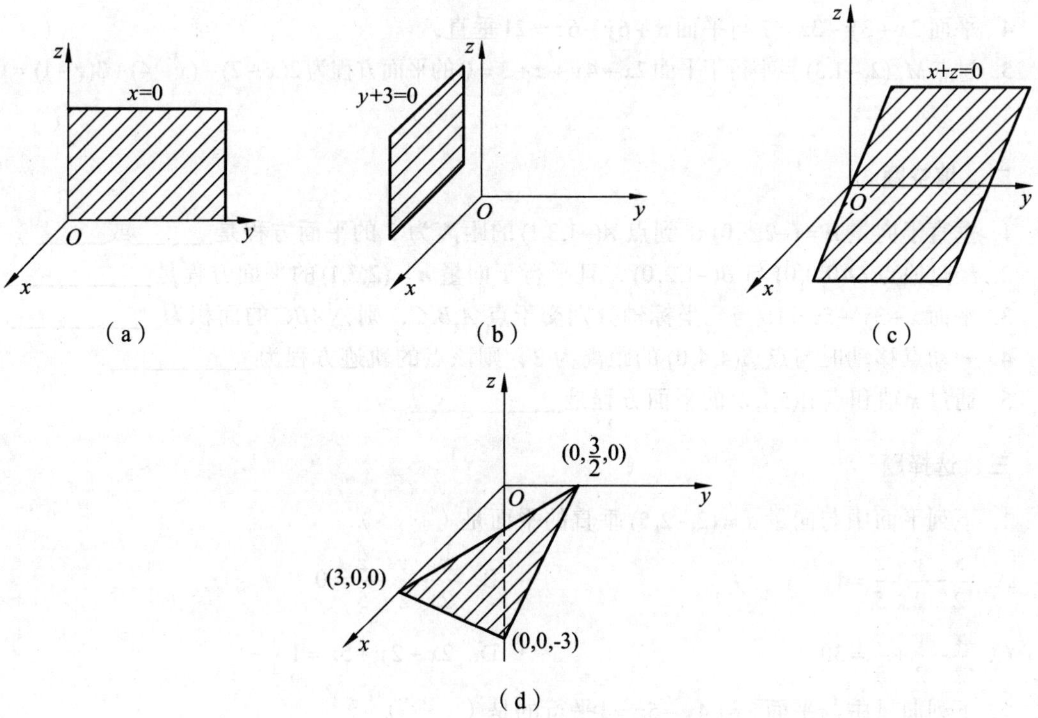

图 7.4-1　例 4 图

例 5　求经过直线 $\begin{cases} z-3=0 \\ \dfrac{x-1}{2}=y+1 \end{cases}$ 和点 $A(3,-1,1)$ 的平面 Π 的方程.

解　直线的方向向量 $\boldsymbol{s}=(2,1,0)$. 在直线上取一点 $B(1,-1,3)$，$\overrightarrow{AB}=(-2,0,2)$，则平面 Π 的法向量为

$$\boldsymbol{n}=\boldsymbol{s}\times\overrightarrow{AB}=\begin{vmatrix}\boldsymbol{i} & \boldsymbol{j} & \boldsymbol{k}\\ 2 & 1 & 0\\ -2 & 0 & 2\end{vmatrix}=2\boldsymbol{i}-6\boldsymbol{j}+2\boldsymbol{k}.$$

所以，所求平面 Π 的方程为

$$2(x-3)-6(y+1)-2(z-1)=0,$$

即

$$2x-6y-3z-10=0.$$

◇ 精选习题

一、判断题（正确的在括号里填√，错误的在括号里填×）

1. 点 $P(-3,-8,1)$ 在平面 $x+9y-3z=11$ 上. （　　）
2. 平行于 xOy 面的平面与 z 轴垂直. （　　）
3. 平面 $2x-y-3z=1$ 与平面 $3x+y-3z=-1$ 平行. （　　）
4. 平面 $2x+3y-3z=7$ 与平面 $x+6y-6z=21$ 垂直. （　　）
5. 过点 $M_0(2,-1,3)$ 且平行于平面 $2x-4y+z+3=0$ 的平面方程为 $2(x-2)-(y-4)+3(z-1)=0$. （　　）

二、填空题

1. 垂直于向量 $\boldsymbol{n}=(-2,5,0)$，到点 $A(-1,3,1)$ 的距离为 3 的平面方程是______或______.
2. 经过原点 $O(0,0,0)$ 与 $B(-1,2,0)$，且平行于向量 $\boldsymbol{n}=(2,3,1)$ 的平面方程是__________.
3. 平面 $x+3y+5z=15$ 与三坐标轴分别交于点 A,B,C，则 $\triangle ABC$ 的面积为__________.
4. 一动点移动时与点 $A(4,4,0)$ 的距离为 3，则该点的轨迹方程为__________.
5. 通过 x 轴和点 $A(5,1,2)$ 的平面方程是__________.

三、选择题

1. 下列平面中与向量 $\boldsymbol{a}=(2,-2,5)$ 垂直的平面是（　　）.

A. $\dfrac{x}{2}-\dfrac{y}{2}+\dfrac{z}{5}=1$　　B. $\dfrac{x}{2}+\dfrac{y}{2}+\dfrac{z}{5}=0$

C. $\dfrac{x}{2}-\dfrac{y}{2}+\dfrac{z}{5}=30$　　D. $2x-2y+5z=1$

2. 下列向量中与平面 $3x+4y-5z=1$ 平行的是（　　）.

A. $\boldsymbol{c}=(0,-5,4)$　　B. $\boldsymbol{c}=(3,4,-5)$　　C. $\boldsymbol{c}=(0,5,4)$　　D. $\boldsymbol{c}=(-3,-4,5)$

3. 下列叙述中错误的是（　　）.

A. 若已知平面 Π 的一个法向量 $\boldsymbol{n}=(1,-2,4)$ 与 Π 上一点 $A(3,5,1)$，则能确定平面 Π 的方程

B. 若向量 $\boldsymbol{n}=(1,-2,4)$ 平行于平面 Π，且点 $A(3,5,1),B(2,7,-3)$ 在 Π 上，则能确定平面 Π 的方程

C. 若已知点 $A(1,2,3),B(-2,5,0),C(7,-4,9)$ 在 Π 上，则能确定平面 Π 的方程

D. 若已知平面 Π 与三个坐标轴的交点分别为 $X(3,0,0),Y(0,-2,0),Z(0,0,-5)$，则能确定平面 Π 的方程

4. 下列两平面垂直的是（　　）.

A. $x+2y-3z=6$ 与 $2x+4y-6z=1$　　B. $5x+2y-3z=6$ 与 $2x+4y+6=1$

C. $x+2y-3z=6$ 与 $\dfrac{x}{-1}+\dfrac{y}{-2}+\dfrac{z}{3}=1$　　D. $x+2y-3z=6$ 与 $-x+2y+3z=1$

5. 原点 $O(0,0,0)$ 到平面 $x+2y+3z=6$ 的距离是（　　）.

A. $\dfrac{2}{5}$　　B. $\dfrac{3\sqrt{14}}{7}$　　C. 6　　D. 1

四、解答题

1. 求经过点 $A(2,2,1)$ 和 $B(1,2,-3)$，且与坐标平面 yOz 垂直的平面方程.

2. 求到两平面 $\Pi_1:2x-y+z-6=0$ 和 $\Pi_2:\dfrac{x}{2}+\dfrac{y}{2}+\dfrac{z}{1}=1$ 距离相等的点的轨迹方程.

3. 已知原点到平面 Π 的距离为 120，且 Π 在三个坐标轴上的截距之比为 $-2:6:5$，求 Π 的方程.

4. 若点 $A(2,0,-1)$ 在平面 Π 上的投影为 $B(4,-3,1)$，求平面 Π 的方程.

5. 已知两平面 $\Pi_1:mx+7y-6z-24=0$ 和 $\Pi_2:2x-3my+11z-19=0$ 相互垂直，求 m 的值.

6. 已知四点 $A(0,0,0),B(2,-5,3),C(0,1,-2),D(2,0,7)$，求三棱锥 D-ABC 底面上的高.

7. 已知点 A 在 y 轴上且到平面 Π：$x-2y-z+10=0$ 的距离为 7，求点 A 的坐标.

8. 已知点 A 在 x 轴上且到点 $B(1,-2,0)$ 与平面 $\Pi:4x-2y+3z=6$ 的距离相等,求点 A 的坐标.

9. 求点 $A(1,0,-1)$ 到平面 $x-3y-z+4=0$ 的距离.

10. 已知点 $M_1(5,-7,1)$ 和 $M_2(-3,6,-5)$，求线段 M_1M_2 的垂直平分面的平面方程.

11. 指出平面 $x-3y+5=0$ 的位置，并画图.

7.5　直线方程

◇ 主要内容

1．直线的一般方程

空间直线 l 是两个相交平面 Π_1,Π_2 的交线，设平面 Π_1,Π_2 的方程分别为

$$\Pi_1:A_1x+B_1y+C_1z+D_1=0,\ \ \Pi_2:A_2x+B_2y+C_2z+D_2=0,$$

那么直线 l 的一般方程为

$$\begin{cases}A_1x+B_1y+C_1z+D_1=0\\A_2x+B_2y+C_2z+D_2=0\end{cases}.\qquad(7.5\text{-}1)$$

2．直线的点向式方程与参数方程

（1）平行于直线的非零向量叫做这条**直线的方向向量**. 显然，一条直线的方向向量不是唯一的，同一条直线的所有方向向量都相互平行.

（2）直线的**点向式方程**或**对称式方程**.

已知直线 l 上一点 $M_0(x_0,y_0,z_0)$ 和它的一个方向向量 $\boldsymbol{s}=(m,n,p)$，那么该直线的方程为

$$\frac{x-x_0}{m}=\frac{y-y_0}{n}=\frac{z-z_0}{p}. \tag{7.5-2}$$

在（7.5-2）式中，若 m,n,p 有一个为零，例如 $m=0\,(n\neq 0,\ p\neq 0)$时，方程组应理解为

$$\begin{cases} x-x_0=0 \\ \dfrac{y-y_0}{n}=\dfrac{z-z_0}{p} \end{cases}.$$

若 m,n,p 有两个为零,则该直线就与坐标轴平行. 与坐标轴平行的直线一定垂直于坐标平面. 例如，平行于 x 轴的直线与 yOz 坐标面垂直，方向向量为 $\boldsymbol{s}=(1,0,0)$，直线方程为

$$\begin{cases} y-y_0=0 \\ z-z_0=0 \end{cases}.$$

同理，平行于 y 轴的直线与 xOz 坐标面垂直，方向向量为 $\boldsymbol{s}=(0,1,0)$，直线方程为

$$\begin{cases} x-x_0=0 \\ z-z_0=0 \end{cases}.$$

平行于 z 轴的直线与 xOy 坐标面垂直，方向向量为 $\boldsymbol{s}=(0,0,1)$，直线方程为

$$\begin{cases} x-x_0=0 \\ y-y_0=0 \end{cases}.$$

3．直线的参数方程

令

$$\frac{x-x_0}{m}=\frac{y-y_0}{n}=\frac{z-z_0}{p}=t\,,$$

则直线的参数方程为：

$$\begin{cases} x=x_0+mt \\ y=y_0+nt \\ z=z_0+pt \end{cases}. \tag{7.5-3}$$

4．空间两直线的位置关系

设两直线 l_1 与 l_2 的夹角为 φ，且它们的方向向量分别是 $\boldsymbol{s}_1=(m_1,n_1,p_1)$ 和 $\boldsymbol{s}_2=(m_2,n_2,p_2)$，则

$$\cos\varphi=\frac{|m_1m_2+n_1n_2+p_1p_2|}{\sqrt{m_1^2+n_1^2+p_1^2}\sqrt{m_2^2+n_2^2+p_2^2}}. \tag{7.5-4}$$

空间两直线平行与垂直的充要条件：

$$l_1 /\!/ l_2 \Leftrightarrow \frac{m_1}{m_2}=\frac{n_1}{n_2}=\frac{p_1}{p_2};$$
$$l_1 \perp l_2 \Leftrightarrow m_1m_2+n_1n_2+p_1p_2=0.$$

◇ 例题解析

例 1　两条平行线 $l_1:\dfrac{x-4}{2}=\dfrac{y+3}{-1}=\dfrac{z-1}{3}$ 和 $l_2:\dfrac{x}{2}=\dfrac{y-1}{-1}=\dfrac{z+1}{3}$ 确定一个平面，求该平面方程.

解　因为 $(4,-3,1)$ 和 $(0,1,-1)$ 分别在 l_1 和 l_2 上，平面 $\varPi$ 经过 l_1 和 l_2，所以 $\boldsymbol{s}_1=(4,-4,2)/\!/\varPi$，$\boldsymbol{s}_2=(2,-1,3)/\!/\varPi$，则平面 $\varPi$ 的法向量

$$\boldsymbol{n}=\boldsymbol{s}_1\times\boldsymbol{s}_2=\begin{vmatrix}\boldsymbol{i} & \boldsymbol{j} & \boldsymbol{k}\\ 4 & -4 & 2\\ 2 & -1 & 3\end{vmatrix}=-10\boldsymbol{i}-8\boldsymbol{j}+4\boldsymbol{k}.$$

所以所求平面 $\varPi$ 的方程为

$$-10(x-4)-8(y+3)+4(z-1)=0,$$

即

$$5x+4y-2z-6=0.$$

例 2　两条平行线 $\dfrac{x-2}{1}=\dfrac{y+2}{-2}=\dfrac{z-1}{3}$ 和 $\dfrac{x}{1}=\dfrac{y-1}{-2}=\dfrac{z+1}{3}$ 确定一个平面，求该平面方程.

解　依题意得，两直线上的点 $(2,-2,1)$ 和 $(0,1,-1)$ 都在平面上，所以设所求平面的方程为

$$A(x-2)+B(y+2)+C(z-1)=0. \tag{1}$$

将点 $(0,1,-1)$ 的坐标代入（1）式，得

$$-2A+3B-2C=0.$$

化简，得

$$2A-3B+2C=0. \tag{2}$$

又因为所求平面是由两平行直线所确定的，所以平面的法向量与直线的方向向量垂直，即

$$A-2B+3C=0. \tag{3}$$

由（2）、（3）式得

$$\begin{cases} A = 5C \\ B = 4C \end{cases}. \tag{4}$$

将（4）式代入（1）式，得

$$5C(x-2)+4C(y+2)+C(z-1)=0.$$

整理，得

$$5x+4y+z-3=0.$$

这就是所求的平面方程.

例 3　分别讨论下面两组直线的位置关系.

（1）$\dfrac{x}{3}=\dfrac{y-1}{-1}=\dfrac{z-1}{1}$ 和 $\dfrac{x-3}{-6}=\dfrac{y+2}{2}=\dfrac{z}{-2}$；

（2）$\dfrac{x+2}{3}=\dfrac{y+3}{2}=\dfrac{z}{1}$ 和 $\dfrac{x-3}{-1}=\dfrac{y-1}{-1}=\dfrac{z+3}{2}$；

（3）$\dfrac{x}{3}=\dfrac{y-1}{-1}=\dfrac{z-1}{1}$ 和 $\dfrac{x-3}{-5}=\dfrac{y+2}{-3}=\dfrac{z}{1}$.

解　（1）两直线的方向向量 $\boldsymbol{s}_1=(3,-1,1)$ 和 $\boldsymbol{s}_2=(-6,2,-2)$ 的对应坐标成比例，即

$$\frac{3}{-6}=\frac{-1}{2}=\frac{1}{-2},$$

所以 $\boldsymbol{s}_1 /\!/ \boldsymbol{s}_2$，两直线平行.

（2）联立两直线方程得方程组：

$$\begin{cases} \dfrac{x+2}{3}=\dfrac{y+3}{2}=\dfrac{z}{1} & ① \\ \dfrac{x-3}{-1}=\dfrac{y-1}{-1}=\dfrac{z+3}{2} & ② \end{cases}.$$

先由

$$\begin{cases} \dfrac{x+2}{3}=\dfrac{y+3}{2} \\ \dfrac{x-3}{-1}=\dfrac{y-1}{-1} \end{cases},$$

求得 $\begin{cases} x=1 \\ y=-1 \end{cases}$. 再将 $x=1$ 和 $y=-1$ 分别代入方程①和②，都有 $z=1$. 所以，两直线相交，其交点为 $(1,-1,1)$.

（3）因为两直线的方向向量 $\boldsymbol{s}_1=(-5,-3,1)$ 和 $\boldsymbol{s}_2=(3,-1,1)$ 不平行，所以两直线不平行.

再看看两直线有没有交点：

联立两直线方程得方程组：

$$\begin{cases}\dfrac{x-3}{-5}=\dfrac{y+2}{-3}=\dfrac{z}{1} & ① \\ \dfrac{x}{3}=\dfrac{y-1}{-1}=\dfrac{z-1}{1} & ②\end{cases}.$$

先由

$$\begin{cases}\dfrac{x-3}{-5}=\dfrac{z}{1} \\ \dfrac{x}{3}=\dfrac{z-1}{1}\end{cases},$$

求得 $\begin{cases}x=-\dfrac{3}{4} \\ z=\dfrac{3}{4}\end{cases}$. 再将 $x=-\dfrac{3}{4}$ 和 $z=\dfrac{3}{4}$ 分别代入方程①和②，得 $y=-\dfrac{17}{4}$, $y=\dfrac{3}{4}$. 显然，联立方程组没有解，即两直线没有交点；因此两直线是异面直线.

例 4　求过点 $(-1,-2,-3)$ 且与两平面 $3x+2y-z+5=0$, $x+y-3z-4=0$ 的交线平行的直线方程.

解（解法一）因为所求直线与两平面的交线平行，也就是直线的方向向量与两平面的法向量 $\boldsymbol{n}_1=(3,2,-1)$ 和 $\boldsymbol{n}_2=(1,1,-3)$ 都垂直，那么向量 $\boldsymbol{n}_1\times\boldsymbol{n}_2$ 是直线的一个方向向量.

$$\boldsymbol{s}=\boldsymbol{n}_1\times\boldsymbol{n}_2=\begin{vmatrix}\boldsymbol{i} & \boldsymbol{j} & \boldsymbol{k} \\ 3 & 2 & -1 \\ 1 & 1 & -3\end{vmatrix}=-5\boldsymbol{i}+8\boldsymbol{j}+\boldsymbol{k}=(-5,8,1).$$

所以，所求直线的方程为

$$\frac{x+1}{-5}=\frac{y+2}{8}=\frac{z+3}{1}.$$

（解法二）过点 $(-1,-2,-3)$ 且与平面 $3x+2y-z+5=0$ 平行的平面方程为

$$3(x+1)+2(y+2)-(z+3)=0.$$

整理，得

$$3x+2y-z+4=0.$$

过点 $(-1,-2,-3)$ 且与平面 $x+y-3z-4=0$ 平行的平面方程为

$$x+y-3z-6=0.$$

所求直线为上述两平面的交线，因而所求直线的方程为

$$\begin{cases}3x+2y-z+4=0 \\ x+y-3z-6=0\end{cases}.$$

◇ 精选习题

一、判断题（正确的在括号里填√，错误的在括号里填×）

1. 原点 $O(0,0,0)$ 不在直线 $\frac{x-1}{1}=\frac{y-2}{2}=\frac{z+2}{-2}$ 上.（　）

2. 直线 $\begin{cases}9x-11y+4z+13=0\\x-y+4z-9=0\end{cases}$ 是平面 $9x-11y+4z+13=0$ 和 $x-y+4z-9=0$ 的交线.（　）

3. 直线 $\begin{cases}x+3=0\\y-7=0\end{cases}$ 平行于 z 轴.（　）

4. 直线 $\begin{cases}x+3=0\\\frac{y+6}{2}=\frac{z-5}{5}\end{cases}$ 垂直于 x 轴.（　）

5. 两直线 $\begin{cases}5x-4y+4z=0\\x-7y+z+1=0\end{cases}$ 和 $\begin{cases}x-2y+4z+3=0\\x-y-4z-1=0\end{cases}$ 互相平行.（　）

二、填空题

1. 直线 $l:\frac{x+3}{4}=\frac{y-2}{1}=\frac{z}{0}$ 与平面 $\Pi:x-y+z+11=0$ 的夹角是____________.

2. 经过点 $P(2,2,-1)$ 且平行于 y 轴的直线方程是____________.

3. 已知 $\triangle ABC$ 三顶点的坐标分别为 $A(2,0,-2),B(2,-2,6),C(0,8,6)$，则平行于 BC 的中位线的直线方程为____________.

4. 经过直线 $\begin{cases}x-2y+z-10=0\\2x+y-z+7=0\end{cases}$ 与点 $A(4,0,1)$ 的平面方程是____________.

5. 经过原点 $O(0,0,0)$ 且与直线 $\frac{x+1}{1}=\frac{y-2}{1}=\frac{z+3}{-1}$ 和 $\frac{x-1}{1}=\frac{y+1}{-1}=\frac{z+1}{0}$ 都垂直的直线方程是____________.

三、选择题

1. 下列直线中与直线 $\begin{cases}2x-3y+5z=0\\x-2y+3z=-1\end{cases}$ 重合的是（　）.

A. $\begin{cases}2x+y+z=0\\x+2y-z-27=0\end{cases}$　　B. $\frac{x}{-1}=\frac{y-5}{1}=\frac{z-3}{1}$

C. $\begin{cases}x+y-5=0\\x+z-12=0\end{cases}$　　D. $\frac{x-1}{2}=\frac{y-3}{-1}=\frac{z}{3}$

2. 下列平面中与直线 $\frac{x+2}{2}=\frac{y-2}{-1}=\frac{z+1}{-2}$ 垂直的是（　）.

A. $x-5y+4z-12=0$　　B. $2x-y-z-6=0$

C. $2x+6y-z+11=0$　　D. $3x+y+2z-17=0$

3. 直线 $l_1: \dfrac{x-2}{3} = \dfrac{y+2}{-1} = \dfrac{z}{-2}$ 与直线 $l_2: \dfrac{x-2}{16} = \dfrac{y-3}{-1} = \dfrac{z+2}{-3}$ 的位置关系是（　　）.

A. 重合　　B. 平行　　C. 相交　　D. 异面

4. 与平面 $\Pi: x-5y+z-10=0$ 垂直且经过点 $A(1,-2,-1)$ 的直线方程是（　　）.

A. $\begin{cases} x-5y+z-10=0 \\ 2x+3y-z+3=0 \end{cases}$　　B. $\begin{cases} x-5y+z-10=0 \\ -2x+10y-2z+20=0 \end{cases}$

C. $\dfrac{x-1}{1} = \dfrac{y+2}{-5} = \dfrac{z+1}{1}$　　D. $\dfrac{x-1}{-5} = \dfrac{y+2}{1} = \dfrac{z+1}{-5}$

5. 与直线 $l: \dfrac{x-1}{1} = \dfrac{y+2}{2} = \dfrac{z+1}{3}$ 平行且经过点 $A(2,5,2)$ 的直线方程是（　　）.

A. $\dfrac{x+2}{1} = \dfrac{y+5}{2} = \dfrac{z+2}{3}$　　B. $\dfrac{x-2}{1} = \dfrac{y-5}{2} = \dfrac{z-2}{3}$

C. $\dfrac{x+2}{1} = \dfrac{y+5}{7} = \dfrac{z+2}{3}$　　D. $\dfrac{x-2}{1} = \dfrac{y-5}{7} = \dfrac{z-2}{3}$

四、解答题

1. 求经过点 $P(2,-1,0)$ 且与直线 $\dfrac{x-1}{1} = \dfrac{y-1}{1} = \dfrac{z-1}{0}$ 和 $\dfrac{x}{1} = \dfrac{y}{-1} = \dfrac{z+1}{0}$ 都平行的平面方程.

2. 求经过点 $P(1,0,-2)$ 且与平面 $2x-y+z-1=0$ 平行且与直线 $\dfrac{x-1}{4} = \dfrac{y+3}{-2} = \dfrac{z}{1}$ 相交的直线方程.

3. 求经过点 $A(0,1,0)$ 与直线 $\dfrac{x+3}{2} = \dfrac{y+1}{1} = \dfrac{z-4}{2}$ 的平面方程.

4. 求点 $P(1,-1,0)$ 到直线 $\dfrac{x+2}{1} = \dfrac{y-1}{-1} = \dfrac{z+1}{0}$ 的距离.

5. λ 为何值时，直线 $\begin{cases} 3x-y+2z-6=0 \\ x+4y-\lambda z-15=0 \end{cases}$ 与 z 轴相交？

6. 平面 $2x+y-2z+1=0$ 上的直线 l 与直线 $l_1: \begin{cases} x+2z=0 \\ y-z+1=0 \end{cases}$ 垂直且相交，求 l 的方程.

7. 求过点 $(-3,2,5)$ 且与两平面 $x-4z=3$ 和 $3x-y+z=1$ 平行的直线方程.

8. 一平面经过直线 $l: \dfrac{x+4}{3} = \dfrac{y-1}{1} = \dfrac{z}{4}$，即直线在该平面上，并且还垂直于另一平面 $x+2y-z+15=0$，求该平面的方程.

9. 求直线 $l_1: \dfrac{x-9}{3} = \dfrac{y+12}{-3} = \dfrac{z-13}{-4}$ 和 $l_2: \dfrac{x-1}{-1} = \dfrac{y+2}{1} = \dfrac{z+1}{1}$ 的夹角的余弦.

10. 求直线 $\begin{cases} 2x-y+2z+4=0 \\ x+y+2z-1=0 \end{cases}$ 与平面 $4x+y+4z-2=0$ 的交点.

7.6　曲面与曲线

◇ 主要内容

1．常见的空间曲面及其方程

1）球　面

以点 $C(x_0,y_0,z_0)$ 为球心，R 为半径的**球面的标准方程**为

$$(x-x_0)^2+(y-y_0)^2+(z-z_0)^2=R^2. \tag{7.6-1}$$

将方程（7.6-1）整理可得**球面的一般式方程**:

$$x^2+y^2+z^2+Dx+Ey+Fz+G=0. \tag{7.6-2}$$

2）柱　面

直线 L 沿定曲线 C 平行移动形成的轨迹称为**柱面**，动直线 L 称为**柱面的母线**，定曲线 C 称为**柱面的准线**.

（1）母线平行于 z 轴的柱面方程为 $F(x,y)=0$（不含变量 z）;

母线平行于 x 轴的柱面方程为 $F(y,z)=0$（不含变量 x）;

母线平行于 y 轴的柱面方程为 $F(x,z)=0$（不含变量 y）.

（2）母线平行于 z 轴，准线在 xOy 坐标面内的柱面方程为:

圆柱面: $x^2+y^2=R^2$;

椭圆柱面: $\dfrac{x^2}{a^2}+\dfrac{y^2}{b^2}=1$;

双曲柱面: $\dfrac{x^2}{a^2}-\dfrac{y^2}{b^2}=1$;

抛物柱面: $x^2-2py=0$.

3）旋转曲面

平面曲线 C 绕其所在平面上的一条定直线 L 旋转一周所形成的曲面叫做**旋转曲面**（简称**旋转面**），曲线 C 称为旋转面的**母线**，直线 L 称为旋转面的**旋转轴**. 我们主要讨论母线为坐标面上的平面曲线，旋转轴为坐标轴的旋转曲面.

4）曲线方程

曲线是两曲面的交线，两曲面方程所组成的联立方程组就是曲线的方程.

2．常用的二次曲面

我们把三元二次方程 $F(x,y,z)=0$ 表示的曲面称为二次曲面，而把平面称为一次曲面.

（1）**椭圆锥面**：$\dfrac{x^2}{a^2}+\dfrac{y^2}{b^2}=z^2$.

用垂直于 z 轴的平面 $z=t$ 截此曲面，当 $t=0$ 时，得点 $(0,0,0)$；当 $t\neq 0$ 时，得平面 $z=t$ 上的椭圆

$$\frac{x^2}{(at)^2}+\frac{y^2}{(bt)^2}=1,$$

当 t 变化时，上式表示一族长短轴比例不变的椭圆（见图 7.6-1）.

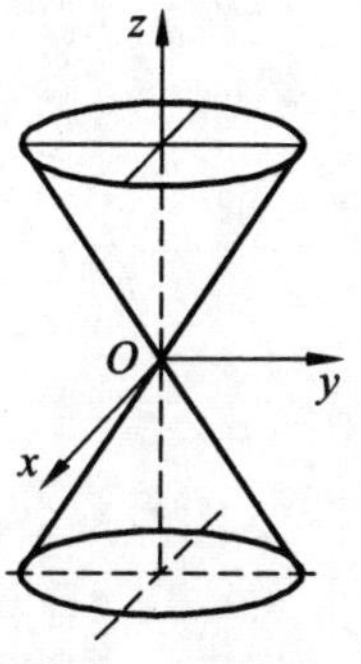

图 7.6-1　椭圆锥面

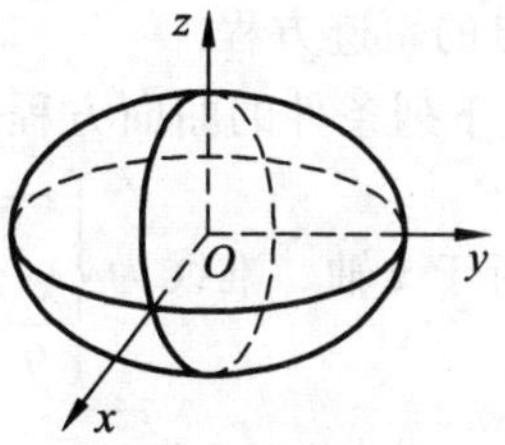

图 7.6-2　椭球面

（2）**椭球面**：$\dfrac{x^2}{a^2}+\dfrac{y^2}{b^2}+\dfrac{z^2}{c^2}=1$.

如果 $a=b=c$，椭球面方程成为 $x^2+y^2+z^2=a^2$，它是球心在原点，半径为 a 的球面；如果 a,b,c 三个数中有两个相等，例如 $a=b\neq c$，椭球面方程为 $\dfrac{x^2}{a^2}+\dfrac{y^2}{a^2}+\dfrac{z^2}{c^2}=1$，它表示一个旋转椭球面（见图 7.6-2）.

（3）**椭圆抛物面**：$\dfrac{x^2}{a^2}+\dfrac{y^2}{b^2}=z$. 如图 7.6-3 所示.

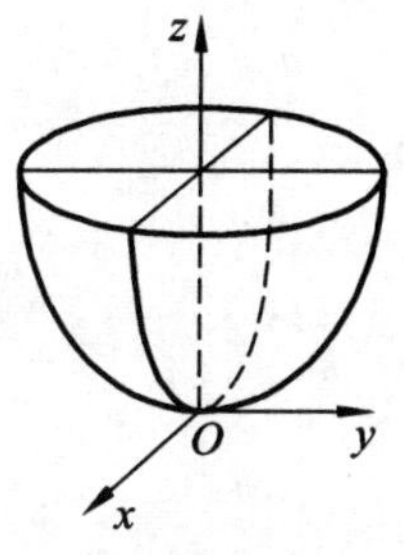

图 7.6-3　椭圆抛物面

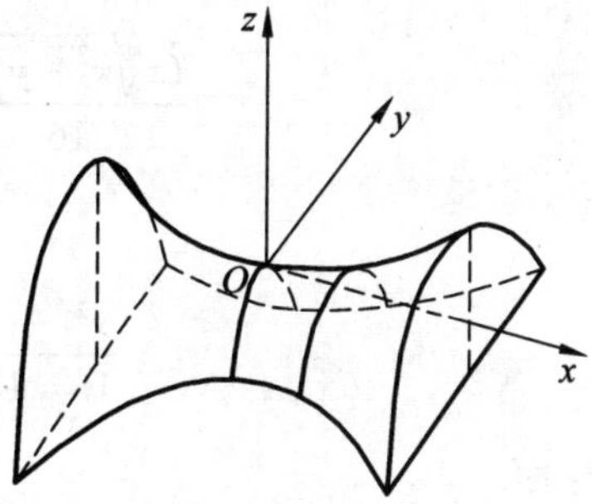

图 7.6-4　双曲抛物面

（4）**双曲抛物面**：$\dfrac{x^2}{a^2}-\dfrac{y^2}{b^2}=z$. 如图 7.6-4 所示.

（5）**单叶双曲面**：$\dfrac{x^2}{a^2}+\dfrac{y^2}{b^2}-\dfrac{z^2}{c^2}=1$.

（6）**双叶双曲面**：$\dfrac{x^2}{a^2}-\dfrac{y^2}{b^2}-\dfrac{z^2}{c^2}=1$.

◇ 例题解析

例 1 一动点到两定点 $A(3,2,-1)$ 和 $B(-5,4,3)$ 的距离相等，求这动点的轨迹方程.

解 设动点为 $P(x,y,z)$，则 $|PA|=|PB|$，即

$$\sqrt{(x-3)^2+(y-2)^2+(z+1)^2}=\sqrt{(x+5)^2+(y-4)^2+(z-3)^2}.$$

化简整理，得

$$4x-y-2z+9=0.$$

这就是所求的动点的轨迹方程.

例 2 求满足下列条件的曲面方程，并说明是什么曲面.

（1）母线平行于 x 轴，准线为 $\begin{cases} x=1 \\ \dfrac{x^2}{9}+\dfrac{y^2}{9}-\dfrac{z^2}{4}=1 \end{cases}$ 的柱面；

（2）坐标面 yOz 上的椭圆 $\dfrac{y^2}{16}+\dfrac{z^2}{4}=1$ 绕 z 轴旋转一周；

（3）坐标面 xOz 上的双曲线 $\dfrac{x^2}{25}-\dfrac{z^2}{9}=1$ 分别绕 x 轴和 z 轴旋转一周.

解（1）准线在平面 $x=1$ 上，将 $x=1$ 代入 $\dfrac{x^2}{9}+\dfrac{y^2}{9}-\dfrac{z^2}{4}=1$，得

$$\frac{y^2}{9}-\frac{z^2}{4}=\frac{8}{9}.$$

这就是所求的柱面方程，它是母线平行于 x 轴的双曲柱面.

（2）绕 z 轴旋转一周所形成的曲面方程为

$$\frac{(\pm\sqrt{x^2+y^2})^2}{16}+\frac{z^2}{4}=1,$$

即

$$\frac{x^2}{16}+\frac{y^2}{16}+\frac{z^2}{4}=1.$$

它是一旋转椭球面.

（3）绕 x 轴旋转一周所形成的曲面方程为

$$\frac{x^2}{25}-\frac{(\pm\sqrt{y^2+z^2})^2}{9}=1,$$

即

$$\frac{x^2}{25}-\frac{y^2}{9}-\frac{z^2}{9}=1.$$

它是一双叶曲面.

绕 z 轴旋转一周所形成的曲面方程为

$$\frac{(\pm\sqrt{x^2+y^2})^2}{25}-\frac{z^2}{9}=1,$$

即

$$\frac{x^2}{25}+\frac{y^2}{25}-\frac{z^2}{9}=1.$$

它是一单叶曲面.

例 3　下列方程组分别表示怎样的曲线.

（1）$\begin{cases} z=1 \\ \dfrac{x^2}{49}+\dfrac{y^2}{4}=z \end{cases}$；　　（2）$\begin{cases} y=-1 \\ x^2+z^2=3 \end{cases}$.

解　（1）$z=1$ 表示平行于 xOy 面的平面；$\dfrac{x^2}{49}+\dfrac{y^2}{4}=z$ 表示绕 z 轴旋转所形成的椭圆抛物面，方程组表示它们的交线，它是平面 $z=1$ 上的一个椭圆，长轴平行于 x 轴，短轴平行于 y 轴，中心为 $(0,0,1)$.

（2）$y=-1$ 表示平行于 xOz 面的平面；$x^2+z^2=3$ 表示母线平行于 y 轴的圆柱面，方程组表示它们的交线，它是平面 $y=-1$ 上的一个圆，中心为 $(0,-1,0)$，半径为 $\sqrt{3}$.

◇ 精选习题

一、判断题（正确的在括号里填√，错误的在括号里填×）

1. 在空间直角坐标系下，方程 $x^2+y^2=4$ 的图形是一个圆.　　（　　）
2. 坐标面 yOz 上的椭圆 $\dfrac{y^2}{5}+\dfrac{z^2}{3}=1$ 绕 y 轴旋转一周所形成的曲面方程为 $\dfrac{x^2}{5}+\dfrac{y^2}{5}+\dfrac{z^2}{3}=1$.　　（　　）
3. 抛物柱面 $y^2=2x$ 与平面 $x=-3$ 的交线是两条直线.　　（　　）
4. 方程 $x^2+y^2+z^2-2x+4y=4$ 的图形是球心在 $(1,-2,0)$，半径为 3 的球面.　　（　　）
5. 球面 $x^2+y^2+z^2=10$ 与平面 $x+z=1$ 的交线是一个圆.　　（　　）

二、填空题

1. 经过原点与 $(3,0,0),(2,3,0),(1,0,-4)$ 的球面方程是____________.
2. 坐标平面 xOz 上的曲线 $x^2+z^2-10z+9=0$ 绕 z 轴旋转一周得到的曲面方程是______.

3. 母线平行于 z 轴，准线为 $\begin{cases}4x^2+y^2=z\\ z=16\end{cases}$ 的柱面方程是____________.

4. 经过 z 轴，且与曲面 $x^2+(y-5)^2+z^2=4$ 相切的平面方程是____________.

5. 顶点在原点且经过圆 $\begin{cases}x^2+y^2=16\\ z=2\end{cases}$ 的圆锥面的方程是____________.

三、选择题

1. 下列曲面中不是关于原点中心对称的是（　　）.

A. 椭圆抛物面：$\dfrac{y^2}{a^2}+\dfrac{x^2}{b^2}=2pz$　　B. 双叶双曲面：$\dfrac{y^2}{a^2}-\dfrac{x^2}{b^2}-\dfrac{z^2}{c^2}=1$

C. 单叶双曲面：$\dfrac{y^2}{a^2}+\dfrac{x^2}{b^2}-\dfrac{z^2}{c^2}=1$　　D. 椭球面：$\dfrac{y^2}{a^2}+\dfrac{x^2}{b^2}+\dfrac{z^2}{c^2}=1$

2.母线平行于 z 轴，准线为曲线 $\begin{cases}4x^2+3y^2+z^2=25\\ z=3\end{cases}$ 的柱面方程是（　　）.

A. $4x+3y=4$　　B. $4x^2+3y^2=z^2$

C. $4x^2+3y^2=16$　　D. $4x^2+3y^2+z^2=25$

3. 将坐标平面 xOy 上的曲线 $3x^2-2y^2=16$ 绕 y 轴旋转得到的旋转面的方程是（　　）.

A. $3x^2-2y^2-3z^2=16$　　B. $3x^2-3y^2+2z^2=16$

C. $3x^2-3y^2+3z^2=16$　　D. $2x^2+3y^2+3z^2=16$

4. 曲线 $\dfrac{x^2}{3^2}+\dfrac{y^2}{4^2}-\dfrac{z^2}{5^2}=1$ 与平面 $y=4$ 相交得到的图形是（　　）.

A. 一个椭圆　　B. 一条双曲线

C. 两条相交直线　　D. 一条抛物线

5. 下列曲面与一条直线相交，最多只有两个交点的图形是（　　）.

A. 椭球面　　B. 单叶双曲面

C. 柱面　　D. 锥面

四、解答题

1. 一个动点 P 到定点 $A(-4,0,0)$ 的距离是它到定点 $B(2,0,0)$ 的距离的两倍，求该点的轨迹方程.

2. 求顶点为 $O(0,0,0)$，轴与平面 $x+y+z=0$ 垂直，且经过点 $(3,2,1)$ 的圆锥面的方程.

3. 已知椭圆抛物面的顶点在原点，xOy 面和 xOz 面是它的两个对称面，且过点 $(6,1,2)$ 与 $\left(1,\dfrac{1}{3},-1\right)$，求该椭圆抛物面的方程.

4. 求以 z 轴为母线，经过点 $A(4,2,2)$ 及 $B(6,-3,7)$ 的圆柱面的方程.

5. 求以 z 轴为母线，直线 $\begin{cases}x=1\\ y=1\end{cases}$ 为中心轴的圆柱面的方程.

6. 已知平面 Π 过 z 轴，且与球面 $x^2+y^2+z^2-6z-8y+10z+41=0$ 相交得到一个半径为 2 的圆，求该平面的方程.

7. 已知椭球面 $\dfrac{x^2}{X}+\dfrac{y^2}{Y}+\dfrac{z^2}{Z}=1$ 经过椭圆 $\begin{cases}\dfrac{x^2}{9}+\dfrac{y^2}{16}=1\\ z=0\end{cases}$ 与点 $A(1,2,\sqrt{23})$，试确定 X,Y,Z 的值.

8. 根据 k 的不同取值，说明 $(9-k)x^2+(4-k)y^2+(1-k)z^2=1$ 表示的各是什么图形.

第一章测试题

一、（20分）判断题（正确的在括号里填√，错误的在括号里填×）

1. 函数 $f(x)$ 在某区间 I 上为奇函数，则对于任意 $x\in I$，都有 $f(x)+f(-x)=0$．（　）

2. 函数 $y=\dfrac{3x-2}{4x+3}$ 的值域是 $\left\{y\,\middle|\,y\neq-\dfrac{3}{4}\right\}$．（　）

3. 函数 $y=\sqrt{u}$ 和 $u=1-x^2$ 可以构成一个复合函数 $y=\sqrt{1-x^2}$．（　）

4. 一个常数与无穷大的积是无穷大．（　）

5. 函数 $f(x)=4x^4+1$ 在 $(-\infty,+\infty)$ 内至少有一实根．（　）

二、（20分）填空题

1. 若函数 $f(x)$ 的定义域为 $(2,10)$，则 $f(\sqrt{x}+1)$ 的定义域为__________．

2. 函数 $f(x)=\dfrac{x-2}{(x+1)(x-3)}$ 的连续区间为__________．

3. $\lim\limits_{n\to\infty}\left(-\dfrac{3}{5}\right)^n=$__________．

4. $\lim\limits_{x\to1^-}\dfrac{\sin|x+1|}{x^2-4x-5}=$__________．

5. 函数 $f(x)=\begin{cases}\dfrac{x+\sin2(x-1)-1}{x-1}, & x<1\\ ax-2, & x\geqslant1\end{cases}$ 在 $x=1$ 处连续，则 $a=$________．

三、（20分）选择题

1. 对于取整函数 $y=[x]$，$[x]$ 表示不超过 x 的最大整数，则以下结果不正确的是（　）．

A. $[0.25]=0$　　B. $[-1.34]=-2$　　C. $[-4.25]=-4$　　D. $[3.04]=3$

2. 下列两个函数不同的是（　）．

A. $f(x)=\dfrac{x+1}{x^2-1}$ 与 $g(x)=\dfrac{1}{x-1}$　　B. $f(x)=\sqrt{(2x+1)^2}$ 与 $g(x)=2x+1$

C. $f(x)=\sqrt[3]{(x+1)^3}$ 与 $g(x)=x+1$　　D. $f(x)=x^2$ 与 $g(x)=\ln e^{x^2}$

3. 下列说法正确的是（　）．

A. 若 $f(x)$ 在点 x_0 连续，则 $\lim\limits_{x\to x_0}f(x)=f(x_0)$

B. 若 $f(x)$ 在点 x_0 的某个邻域内有定义，在点 x_0 不连续，则 $\lim\limits_{x\to x_0^+}f(x)\neq f(x_0)$

C. 若 $\lim\limits_{x\to x_0}f(x)\neq f(x_0)$，$f(x)$ 在点 x_0 不连续

D. $f(x)$ 在 $[a,b]$ 上连续，且 $f(a)f(b)<0$，则 $f(x)$ 在 (a,b) 内一定有零点

4. $x=1$ 是下列函数的第二类间断点的是（　　）.

A. $f(x)=\dfrac{x+1}{x(x-1)}$

B. $f(x)=\begin{cases}\dfrac{\sin(x-1)}{x-1}, & x<1\\ \dfrac{1}{x}, & x\geqslant 1\end{cases}$

C. $f(x)=\begin{cases}x+1, & x<1\\ x^2, & x\geqslant 1\end{cases}$

D. $f(x)=\begin{cases}3x, & x<1\\ 2x, & x\geqslant 1\end{cases}$

5. 下列说法正确的是（　　）.

A. 方程 $x^4+3x^2+4=0$ 在 $(2,3)$ 内至少有一根

B. 方程 $x^2-3x-4=0$ 在 $(-1,4)$ 内至少有一根

C. 方程 $x^3-2x+2=0$ 在 $(-2,1)$ 内至少有一根

D. 方程 $x\cdot 2^x=1$ 至少有一个小于 1 的正根

四、（40 分）解答题

1.（10 分）设球的半径为 r，

（1）当 r 由 2 m 变到 2.05 m 时，求球的体积 V 的增量；

（2）当 r 由 2 m 变到 1.95 m 时，求球的表面积 S 的增量.

2.（10 分）求下列极限.

（1）$\lim\limits_{x\to 2}\dfrac{x^2+3}{x^4+2x^2-2}$；

（2）$\lim\limits_{x\to -2}\dfrac{x^2-3x-10}{x^2+3x+2}$；

（3）$\lim\limits_{x\to\infty}\left(\dfrac{2x-3}{2x+3}\right)^x$；

（4）$\lim\limits_{x\to 0}\dfrac{4x+\sin 3x}{\sin 4x}$.

3.（10 分）讨论下列函数在指定点处的连续性：

（1）$f(x)=\begin{cases}1+2x, x\leqslant 1\\ x^2-1, x>1\end{cases}$ 在 $x=1$ 处；

（2）$f(x)=\begin{cases}\dfrac{\sin(2x-1)}{2x-1}, & x<\dfrac{1}{2}\\ 1-x^2, & x\geqslant\dfrac{1}{2}\end{cases}$ 在 $x=\dfrac{1}{2}$ 处.

4.（10 分）证明方程 $x^3-2x-5=0$ 在区间 $(2,3)$ 内至少有一个根.

第二章测试题

一、（20分）判断题（正确的在括号里填√，错误的在括号里填×）

1. 假设 $f'(x_0)$ 存在，则 $A=\lim\limits_{h\to 0}\dfrac{f(x_0-3h)-f(x_0)}{h}=3f'(x_0)$.（　　）

2. 函数 $f(x)=|x-2|$ 在点 $x=1$ 处可导.（　　）

3. 如果函数 $y=f(x)$ 在点 x_0 处不可导，则函数在点 x_0 处一定不连续.（　　）

4. 若 $y=\sin\sqrt{x}$，则 $y'=\dfrac{1}{\sqrt{x}}\cos\sqrt{x}$.（　　）

5. $\mathrm{d}[\sqrt{\sin(x+1)}]=\dfrac{\cos(x+1)}{2\sqrt{\sin(x+1)}}\mathrm{d}(x+1)$.（　　）

二、（20分）填空题

1. 曲线 $y=\sin x$ 在点 $x=\dfrac{\pi}{4}$ 处的切线方程为____________.

2. 分段函数 $f(x)=\begin{cases}2x-1, & x\leqslant 1\\ x-2, & x>1\end{cases}$ 在点 $x=1$ 处的右导数等于__________.

3. 函数 $y=2x^2+3x$ 在点 $x=1$ 处，$\Delta x=0.01$ 时的增量 Δy ______，微分 $\mathrm{d}y=$ ________.

4. 设 $y=y(x)$ 由方程 $y=\ln(x+y)+2^y$ 所确定，则 $y'=$ ______________.

5. $\mathrm{d}(\cos\sqrt{3x})=$ ______________.

三、（20分）选择题

1. 下列结论正确的是（　　）.

A. 物体的运动方程为 $s=s(t)$，则物体在 t 时刻的加速度为 $a=s''(t)$

B. 曲线 $y=f(x)$ 在点 x_0 处的切线斜率为 $y_0'=f'(x_0)$

C. 函数 $y=f(x)$ 在点 x_0 不连续，则 $f(x_0)$ 无意义

D. 函数 $y=f(x)$ 为奇函数，则 $f(x)+f(-x)=0$

2. 函数 u,v 可微，则下列结论正确的是（　　）.

A. $\mathrm{d}(u-v)=\mathrm{d}u-\mathrm{d}v$　　B. $\mathrm{d}(uv)=v\mathrm{d}u+u\mathrm{d}v$

C. $\mathrm{d}(u)=\mathrm{d}(u-3)$　　D. $\mathrm{d}C=0$

3. 设 $f(x)=\begin{cases}x^2-2x, & x>1\\ -1, & x\leqslant 1\end{cases}$，则 $f(x)$ 在点 $x=1$ 处（　　）.

A. 连续　　B. 连续且可导

C. 既不可导又不连续　　D. 可导不连续

4. 下列结论错误的是（　　）.

A. $2^x dx = d(2^x + C)$　　　　B. $\sin x dx = d(\cos x + C)$

C. $\frac{1}{x^2} dx = d\left(-\frac{1}{x} + C\right)$　　　　D. $dx = \frac{1}{a} d(ax + b)$

5. 已知 $f(a) = \cos(ax^2)$，则 $f'(x) =$（　　）.

A. $\sin(ax^2)$　　B. $-2ax\sin(ax^2)$　　C. $-x^2 \sin x^3$　　D. $-a^2 \sin a^3$

四、(40 分) 解答题

1. （10 分）一个物体从静止状态开始自由落下，经过 t 秒，物体下落的高度为 $h(t) = 10t^3$，求 $t = 3$ 秒时物体的速度和物体下落的高度.

2.（10 分）讨论函数 $f(x) = \begin{cases} 3x-1, & x \leqslant \frac{1}{2} \\ \frac{1}{2} - x^2, & x > \frac{1}{2} \end{cases}$ 在点 $x = \frac{1}{2}$ 处的连续性和可导性.

3.（10 分）求下列函数的导数.

（1）$y=\mathrm{e}^{\sqrt{\cos^3 x+2}}$；

（2）$y=\ln^4(x^2+2x-3)$.

4.（10 分）利用微分求近似值.

（1）$\sin 89°$；

（2）$\sqrt{9998}$.

第三章测试题

一、（20 分）判断题（正确的在括号里填√，错误的在括号里填×）

1. 若函数 $f(x)$ 在闭区间 $[a,b]$ 上连续，在开区间 (a,b) 内可导，且恒有 $f'(x)\equiv 0$，则在闭区间 $[a,b]$ 内函数 $f(x)$ 恒为一个常数. （　）

2. 函数 $y=|x-1|$ 在点 $x=1$ 处取得极小值. （　）

3. 当 $x>0$ 时，$\mathrm{e}^x-1>x$. （　）

4. 函数 $y=x^2+2x-3$ 在 $[-3,2]$ 上的最小值为 -6. （　）

5. 设函数 $y=f(x)$ 在 (a,b) 内有二阶导数，且 $f''(x)<0$，则曲线 $y=f(x)$ 在 (a,b) 内是凸的. （　）

二、（20 分）填空题

1. 函数 $y=2x^3-x+1$ 在区间 $[1,2]$ 上满足拉格朗日中值定理条件的 $\xi=$________.

2. 函数 $f(x)=-2x^2-mx+1$ 在 $(-\infty,+\infty)$ 上的最大值为 16，则 $m=$____.

3. $\lim\limits_{x\to+\infty}\dfrac{\ln^2 x}{\sqrt{x}}=$____________.

4. 曲线 $y=\dfrac{1}{x}$ 的凸区间是________________.

5. 曲线 $y=\dfrac{1}{3}x^3+3x^2-x-1$ 的拐点是___________.

三、（20 分）选择题

1. $\lim\limits_{x\to\infty}\dfrac{x+\sin x}{x-\sin x}=$（　　）.

A. -1　　B. 1　　C. 0　　D. 不存在

2. 函数 $y=x+\ln(1+x)$ 的单调增加区间是（　　）.

A. $(-\infty,0)$　　B. $(-1,0)$　　C. $(0,+\infty)$　　D. $(-1,+\infty)$

3. 下列结论正确的是（　　）.

A. 若函数 $f(x)$ 在点 x_0 处有极值，则必有 $f'(x_0)=0$

B. $f'(x)$ 不存在的点一定不是极值点

C. 在某区间上单调递减函数的导数一定小于 0

D. 闭区间上的连续函数一定有极大值

4. 函数 $f(x)=x+\sin x$ 在闭区间 $[0,1]$ 上的最大值为（　　）.

A. 0　　B. 1　　C. $1+\sin 1$　　D. $\dfrac{\pi}{2}$

5. 已知 $f(x)=x^3-ax^2+b$ 在点 $x=1$ 处有极值 -2，则 a,b 的值分别为（　　）.

A. $a=\frac{1}{2},b=\frac{3}{2}$　　B. $a=-\frac{1}{2},b=-3$

C. $a=\frac{3}{2},b=-\frac{3}{2}$　　D. $a=\frac{3}{2},b=\frac{3}{2}$

四、（40 分）解答题

1.（10 分）求下列函数的极限.

（1）$\lim\limits_{x\to\frac{\pi}{6}}\frac{1-2\sin x}{6x-\pi}$；

（2）$\lim\limits_{x\to1^+}(x-1)^{x-1}$.

2.（10 分）求下列函数在指定区间上的最大值与最小值：

（1）$y=\frac{1}{3}x^3-x^2-3x+1, x\in[-2,3]$；

（2）$y = x + \sqrt{x^2 - 1}$，$x \in [-5,5]$.

3.（10 分）有一边长为 a 的正方形铁皮，在每个角上剪去同样大小的正方形，用余下的铁皮做成一个开口合子，问剪去的正方形的边长为多少时，所做盒子的容积最大？

4.（10 分）若造一圆柱形油罐，表面积为 S，问底面半径 r 和高 h 等于多少时，才能使体积最大？

第四章测试题

一、（20分）判断题（正确的在括号里填√，错误的在括号里填×）

1. 若 $f(x)$ 在区间 I 内连续，则它在 I 内一定存在原函数. （　）

2. 若 $\int g(x)\mathrm{d}x = q(x)+C$，则 $g(x)$ 是 $q(x)$ 的一个原函数. （　）

3. $\int f'(x)\mathrm{d}x = f(x)$. （　）

4. $\int \frac{1}{x^2} f'(x)\mathrm{d}x = -\frac{1}{x} f(x)+C$. （　）

5. 有理函数是指由两个多项式的商所表示的函数，即具有如下形式的函数： （　）

$$\frac{P(x)}{Q(x)} = \frac{a_0x^n + a_1x^{n-1} + \cdots + a_{n-1}x + a_n}{b_0x^m + b_1x^{m-1} + \cdots + b_{m-1}x + b_m}.$$

二、（20分）填空题

1. 若 $\int 3x^2\mathrm{d}x = q(x)+C$，则 $q'(x)=$____________.

2. $\int (\cos x - 3\csc^2 x)\mathrm{d}x =$________________.

3. $\int x2^{-x}\mathrm{d}x =$____________________.

4. 将 $\frac{1}{(x+1)(x-2)}$ 化成最简分式之和，其结果是______________.

5. $\int \frac{1}{x^2+4x+5}\mathrm{d}x$ 的结果是______________.

三、（20分）选择题

1. 下列各组函数不是同一个函数的原函数的是（　　）.

A. $y=\ln(3x)$ 和 $y=\ln(2x)$　　B. $y=(\mathrm{e}^x+\mathrm{e}^{-x})^2$ 和 $y=(\mathrm{e}^x-\mathrm{e}^{-x})^2$

C. $y=-3\cos^2 x$ 和 $y=3\sin^2 x$　　D. $y=(2x+2)^2$ 和 $y=(3x+2)^2$

2. 已知 $F'(x)=f(x)$，则 $\int f'(x)\mathrm{d}x$ 等于（　　）.

A. $F(x)$　　B. $F(x)+C$　　C. $f(x)$　　D. $f(x)+C$

3. $f(x)$ 的一个原函数为 $3x^2+2x$，则 $f'(x)=$（　　）.

A. $6x+2$　　B. 6　　C. x^3+x^2　　D. 2

4. $\int xf'(x^2)\mathrm{d}x =$（　　）.

A. $f(x^2)+C$　　B. $f\left(\frac{1}{2}x^2\right)+C$

C. $\frac{1}{2}f(x^2)+C$　　D. $2f(x^2)+C$

5. $\int \frac{1}{x^2+2x+6}\mathrm{d}x$ 的结果正确的是（　　）.

A. $\frac{1}{\sqrt{5}}\arctan(x+1)+C$　　B. $\arctan\frac{x+1}{\sqrt{5}}+C$

C. $\frac{1}{\sqrt{5}}\ln\left|\frac{x+1}{\sqrt{5}}\right|+C$　　D. $\frac{1}{\sqrt{5}}\arctan\frac{x+1}{\sqrt{5}}+C$

四、（40 分）解答题

1.（10 分）已知某函数的导数为 $2x+3$，且当 $x=2$ 时，该函数的值等于 9，求此函数.

2.（10 分）求下列函数的不定积分：

（1）$\int \frac{x^2+1}{x^4+x^2}\mathrm{d}x$；

（2）$\int \frac{(2x+\sqrt[3]{x})^2}{\sqrt[3]{x}}\mathrm{d}x$.

3.（10 分）已知某曲线上任一点的二阶导数为 $y''=4x$，且在点 $(1,-2)$ 处的切线方程为 $2x-y+5=0$，求此曲线方程.

4.（10 分）将真分式 $\frac{2x^2+3}{(x-1)(x^2+4x+5)}$ 化为最简分式.

第五章测试题

一、（20 分）判断题（正确的在括号里填√，错误的在括号里填×）

1. 若函数 $f(x)$ 在区间 $[a,b]$ 上连续，且 $f(x)\geqslant 0$，则 $\int_a^b f(x)\mathrm{d}x\geqslant 0$． （　　）

2. $\int_{-2}^{2}x^3\mathrm{d}x=2$． （　　）

3. $\left(\int_1^{x^2}t\sin t\mathrm{d}t\right)'=2x\sin x^2$． （　　）

4. $\int_2^{\mathrm{e}}x\ln x\mathrm{d}x=\int_2^{\mathrm{e}}\ln x\mathrm{d}\left(\frac{x^2}{2}\right)=\frac{x^2}{2}\ln x\Big|_2^{\mathrm{e}}-\int_2^{\mathrm{e}}\frac{x^2}{2}\cdot\frac{1}{x}\mathrm{d}x=\frac{x^2}{2}\ln x\Big|_2^{\mathrm{e}}-\frac{1}{2}\int_2^{\mathrm{e}}x\mathrm{d}x$． （　　）

5. 曲线方程 $y=\cos x$ 在 $[0,2\pi]$ 上对应的曲线弧长为 $s=\int_0^{2\pi}\sqrt{1+\sin^2 x}\mathrm{d}x$． （　　）

二、（20 分）填空题

1. 若 $\int 3x^2\mathrm{d}x=q(x)+C$，则 $q'(x)=$____________．

2. $\int_2^4|x-2|\mathrm{d}x=$______________．

3. $\left(\int_x^2(1+t)\mathrm{d}t\right)'=$_____________，$\left(\int_0^{3x+2}2^{t^2}\mathrm{d}t\right)'=$_______________．

4. $\int_{-1}^{1}\frac{2x^2-1}{x^3}\mathrm{d}x=$_____________．

5. 由椭圆 $\frac{x^2}{a^2}+\frac{y^2}{b^2}=1$ 围成的平面图形绕 y 轴旋转而成的旋转体的体积为__________．

三、（20 分）选择题

1. 由曲线 $y=x^3$ 和直线 $y=x$ 及 $x=1$ 所围成的平面图形的面积为（　　）.

A. $\int_0^1(x^3-x)\mathrm{d}x$　　B. $\int_0^1 x^2\mathrm{d}x+\int_0^1 x\mathrm{d}x$

C. $\int_0^1 x\mathrm{d}x-\int_0^1 x^3\mathrm{d}x$　　D. 以上答案都不对

2. $[4x^2+1]_1^2$ 的值是（　　）.

A. 17　　B. 13　　C. 12　　D. 15

3. $\int_{-\sqrt{2}}^{\sqrt{2}}x2^{x^2}\mathrm{d}x$ 的值等于（　　）.

A. 8　　B. 16　　C. 0　　D. $8\sqrt{2}$

4. 由 $y=\sqrt{x},\ y=x^2$ 围成的平面图形的面积为（　　）.

A. $\dfrac{4}{3}$ B. 1 C. $\dfrac{2}{3}$ D. $\dfrac{1}{3}$

5. 由直线 $y=x$ 与 $x=1$ 及 x 轴所围成的图形分别绕 x 轴和 y 轴旋转所得的旋转体的体积分别为（ ）.

A. $\dfrac{\pi}{3},\dfrac{2\pi}{3}$ B. $\dfrac{2\pi}{3},\dfrac{\pi}{3}$ C. $\dfrac{4\pi}{3},\dfrac{2\pi}{3}$ D. $\pi,\dfrac{\pi}{3}$

四、（40 分）解答题

1.（10 分）求下列极限.

（1）$\lim\limits_{x\to\infty}\dfrac{x^3}{\int_1^x e^{t^2}\mathrm{d}t}$；

（2）$\lim\limits_{x\to 0^+}\dfrac{\int_0^{\sqrt{x}} t\sin t\mathrm{d}t}{x^2}$.

2.（10 分）求下列函数的定积分.

（1）$\int_2^4 x\sqrt{x^2-1}\mathrm{d}x$；

（2）$\int_{8}^{15} e^{\sqrt{x+1}} dx$.

3.（10 分）一底为 8 m，高为 6 m 的三角形薄片，直立地沉没在水中，它的顶在上、底与水面平行且距水面 2 m，试求它的底面所受的压力.

4.（10 分）求由曲线 $y = x^2 + 1$ 与直线 $x = 1, x = 2, y = 0$ 所围成的平面图形绕 x 轴旋转一周所得的旋转体的体积.

第六章测试题

一、（20分）判断题（正确的在括号里填√，错误的在括号里填×）

1. 未知函数是一元函数的方程称为常微分方程；未知函数是多元函数的方程称为偏微分方程.（　　）

2. 方程 $\mathrm{d}y=(4y-1)\mathrm{d}x$ 是微分方程.（　　）

3. 方程 $\dfrac{\mathrm{d}y}{\mathrm{d}x}+P(x)y=Q(x)$ 叫做一阶线性微分方程.（　　）

4. 方程 $\dfrac{\mathrm{d}y}{\mathrm{d}x}=2xy+3y$ 是可分离变量的微分方程.（　　）

5. 函数 e^{3x} 与 e^{3x+4} 线性无关.（　　）

二、（20分）填空题

1. 如果微分方程的解中含有任意常数，且任意常数的个数等于微分方程的阶数，这样的解称为__________.

2. 微分方程 $y''-2y'+y=0$ 的通解是__________.

3. 一阶线性微分方程 $\dfrac{\mathrm{d}y}{\mathrm{d}x}+P(x)y=Q(x)$ 的通解是__________.

4. 一曲线通过点 $(1,1)$，且它在点 (x,y) 处的切线斜率为 $x+2y$，则该曲线方程为__________.

5. 微分方程 $y''-3y'-4y=3$ 满足初始条件 $y\big|_{x=0}=1, y'\big|_{x=0}=2$ 的特解为__________.

三、（20分）选择题

1.微分方程 $(y''')^2+3xy=4\sin x$ 的阶数为（　　）.

A. 3　　B. 2　　C. 1　　D. 4

2. 微分方程 $y'-\dfrac{y}{x}=2x$ 的解是（　　）.

A. $2x^2+\dfrac{C}{x}$　　B. $2x^2+Cx$　　C. $3x^2+C$　　D. x^2+3

3. 若 $y_1(x)$ 与 $y_2(x)$ 是某个二阶齐次线性方程的两个线性无关的解，则 $C_1y_1(x)+C_2y_2(x)$（C_1,C_2 为任意常数）是该方程的（　　）.

A. 通解　　B. 特解　　C. 解　　D. 部分解

4. 方程 $y''-5y'-14y=0$ 的通解是（　　）.

A. $y=C_1\mathrm{e}^{-2x}+C_2\mathrm{e}^{-7x}$　　B. $y=C_1\mathrm{e}^{-2x}+C_2\mathrm{e}^{7x}$

C. $y=\mathrm{e}^{-2x}(C_1\cos7x+C_2\sin7x)$　　D. $y=\mathrm{e}^{-x}(C_1\cos3x+C_2\sin3x)$

5. 线性微分方程 $y''-2y'-3y=-x\mathrm{e}^x$ 的一个特解应具有的形式（　　）.

A. $y=\frac{1}{4}e^x$　　B. $y=xe^x$　　C. $y=\frac{1}{4}xe^x$　　D. $y=\frac{1}{4}x^2e^x$

四、（40 分）解答题

1.（10 分）解下列微分方程.

（1）$y''-3y'-4y=2x+1$；

（2）$y''+3y'-10y=2e^x$.

2.（10 分）方程 $y''+4y=\cos x$ 的一条积分曲线过点$(0,1)$，并在这一点与直线 $y=1$ 相切，求此曲线方程.

3.（10 分）求解初值问题：$\begin{cases} \dfrac{\mathrm{d}y}{\mathrm{d}x}+\dfrac{y}{x}=\dfrac{\cos x}{x} \\ y\big|_{x=\frac{\pi}{2}}=1 \end{cases}$.

4.（10 分）求微分方程 $y''-y'-2y=0$ 的通解或特解.

第七章测试题

一、（20 分）判断题（正确的在括号里填√，错误的在括号里填×）

1. 点 $(2,-1,-4)$ 在第七卦限. （　）
2. 零向量平行于任何向量. （　）
3. $\boldsymbol{a}\perp\boldsymbol{b}\Leftrightarrow\boldsymbol{a}\times\boldsymbol{b}=\boldsymbol{0}$. （　）
4. $\boldsymbol{a}\times\boldsymbol{b}\perp\boldsymbol{a}$. （　）
5. 平面 $x-3y+2z-2=0$ 与平面 $x+5y+7z-21=0$ 垂直. （　）

二、（20 分）填空题

1. 平面 $x-2y+6z=12$ 与三坐标轴分别交于点 A, B, C，则 $\triangle ABC$ 的面积为__________.
2. 向量 $\boldsymbol{a}=-3\boldsymbol{i}-\boldsymbol{j}-2\boldsymbol{k}, \boldsymbol{b}=3\boldsymbol{i}-3\boldsymbol{j}+\boldsymbol{k}$ ，则 $\boldsymbol{a}\times\boldsymbol{b}=$ ________________.
3. 经过点 $P(-3,2,1)$ 且垂直于 xOz 平面的直线方程是 ________________.
4. 经过直线 $\begin{cases}x-2y+z-6=0\\x+y-2z+4=0\end{cases}$ 与点 $(3,0,2)$ 的平面方程是________________.
5. 球面 $x^2+y^2+z^2=25$ 与平面 $x+y+z=1$ 的交线是________________.

三、（20 分）选择题

1. 过点 $(-2,3,4)$ 作 xOz 平面的垂线，垂足的坐标为（　　）.

A. $(0,3,4)$　　B. $(-2,0,4)$　　C. $(-2,3,0)$　　D. $(2,3,4)$

2. 下列两个向量垂直的是（　　）.

A. $\boldsymbol{a}=(1,-2,1),\boldsymbol{b}=(2,-3,2)$　　B. $\boldsymbol{a}=(1,-2,1),\boldsymbol{b}=(2,-4,2)$

C. $\boldsymbol{a}=(2,-2,-3),\boldsymbol{b}=(2,-4,4)$　　D. $\boldsymbol{a}=(2,-3,-4),\boldsymbol{b}=(2,4,-2)$

3. 已知向量 $\boldsymbol{a}=(-1,2,4),\boldsymbol{b}=(-1,1,1)$ ，则下列结果错误的是（　　）.

A. $\boldsymbol{a}\cdot\boldsymbol{b}=7$　　B. $\boldsymbol{a}\times\boldsymbol{b}=-2\boldsymbol{i}-3\boldsymbol{j}+\boldsymbol{k}$

C. $\cos\theta=\dfrac{7}{\sqrt{63}}$　　D. $|\boldsymbol{a}\times\boldsymbol{b}|=14$

4. 下列向量中与平面 $3x+4y-5z=1$ 垂直的是（　　）.

A. $\boldsymbol{c}=(0,-5,4)$　　B. $\boldsymbol{c}=(3,4,-5)$

C. $\boldsymbol{c}=(-2,3,0)$　　D. $\boldsymbol{c}=(2,3,4)$

5.与直线 $l:\dfrac{x-1}{1}=\dfrac{y-2}{-2}=\dfrac{z+1}{3}$ 平行且经过点 $A(2,-5,2)$ 的直线方程是（　　）.

A. $\dfrac{x+2}{1}=\dfrac{y+5}{2}=\dfrac{z+2}{3}$　　B. $\dfrac{x-2}{1}=\dfrac{y+5}{-2}=\dfrac{z-2}{3}$

C. $\frac{x-2}{1}=\frac{y+5}{2}=\frac{z-2}{-1}$　　D. $\frac{x-2}{-1}=\frac{y+5}{2}=\frac{z-2}{1}$

四、（40分）解答题

1.（10分）用折线法在空间直角坐标系中画出下列各点：$A(-2,4,3), B(2,-1,5), C(0,-3,2)$.

2.（10分）已知向量 $\boldsymbol{m}=3\boldsymbol{i}-\boldsymbol{j}+2\boldsymbol{k}, \boldsymbol{n}=2\boldsymbol{i}+\boldsymbol{j}-4\boldsymbol{k}$ 且 $\boldsymbol{a}=\boldsymbol{m}+3\boldsymbol{n}$，求向量 $\boldsymbol{a}$ 和与之同向的单位向量.

3.（10 分）求过点 $M_1(-1,2,1), M_2(2,-3,-1)$ 和 $M_3(0,-2,2)$ 的平面方程.

4.（10 分）把直线的一般式方程 $\begin{cases} x-y+z+3=0 \\ x+2y+2z-1=0 \end{cases}$ 化为点向式方程和参数方程.

参考文献

[1] 陈水林，冯影影，黄静. 应用高等数学. 武汉：湖北科学技术出版社，2011，6.
[2] 陈水林. 应用高等数学同步练习册. 北京：兵器工业出版社，2006，6.
[3] 屈战涛，魏红梅. 高等数学. 北京：北京邮电大学出版社，2014，8.
[4] 屈战涛，魏红梅. 高等数学学习指导与练习. 北京：北京邮电大学出版社，2014，8.